Statistische Datenanalyse

LUDOVIC LEBART · ALAIN MORINEAU · JEAN-PIERRE FÉNELON

Statistische Datenanalyse

Methoden und Programme

in deutscher Sprache herausgegeben
von

OLAF BUNKE

Mit 27 Abbildungen und 15 Tabellen

Akademie-Verlag · Berlin · 1984

Titel der französischen Originalausgabe:
traitement des données statistiques
méthodes et programmes

Autoren:
Ludovic Lebart, Maître de Recherche au CNRS, Professeur à l'ISUP
Alain Morineau, Chargé de Recherche au CEPREMAP, Professeur à l'ISUP
Jean-Pierre Fénelon, Chargé de Recherche au CNRS, Professeur à l'ISUP

Herausgeber: Professor Dr. Olaf Bunke, Humboldt-Universität zu Berlin
Übersetzer: Dr. rer. nat. Horst Weinert, Institut für Mechanik der AdW der DDR

Übersetzung der Kapitel IV und V der französischen Originalausgabe

Erschienen im Akademie-Verlag, DDR-1086 Berlin, Leipziger Straße 3—4

Lizenznummer: 202 · 100/499/84
Printed in the German Democratic Republic
Gesamtherstellung: VEB Druckerei „Thomas Müntzer", 5820 Bad Langensalza
Lektoren: Dr. Reinhard Höppner, Dipl.-Phys. Gisela Lagowitz
Bestellnummer: 763 256 6 (6777)
LSV 1074

01950

Vorwort des Herausgebers

Durch die neuen Generationen von elektronischen Rechnern ist es im letzten Jahrzehnt immer leichter geworden, große Datenmengen mit Hilfe klassischer und moderner Verfahren der Multivariaten Analyse auf durch sie ausgedrückte Zusammenhänge oder Strukturen zu analysieren. Hierfür werden auch die erweiterten Möglichkeiten graphischer Ausgaben und Analysen genutzt und innerhalb eines immer selbständiger werdenden Gebietes, der Explorativen Datenanalyse (kurz: EDA) integriert. Dieses Gebiet wird repräsentiert durch die international inzwischen wohlbekannt gewordenen Bücher von GNANADESIKAN (1977), MOSTELLER und TUKEY (1977) sowie TUKEY (1977). Hierzu kommen auch die neueren Bücher von CHAMBERS (1977), DANIEL und WOOD (1980) und WANG (1978) sowie in deutscher Sprache die Bücher von BOCK (1974), SPÄTH (1975) und der Tagungsbericht Explorative Datenanalyse (1980). In Frankreich hat es eine besonders starke Entwicklung sowohl beim Ausbau der Methoden wie auch bei ihrer Anwendung gegeben. Hiervon zeugen auch mehrere Bücher, wie z. B. die von BENZECRI (1973), CAILLEZ und PAGES (1976), LEBART, MORINEAU und TABARD (1977) und TOMASSONE (1980) und das diesem Werk zugrundegelegte Buch.

Schließlich sei noch auf einige deutschsprachige Bücher zu Teilgebieten verwiesen, insbesondere zur Diskriminanzanalyse von AHRENS und LÄUTER (1974), zur Faktorenanalyse von JAHN und VAHLE (1970) sowie von WEBER (1974) und zu linearen multivarianten Methoden von NOLLAU (1976) und RAO (1973). Die Kenntnis der Verfahren der EDA und ihrer eigentümlichen heuristischen Ideen und Ansätze ist bei uns noch nicht verbreitet. Deshalb wurde diese deutsche Übersetzung und Herausgabe des der EDA gewidmeten Teils des Buches von LEBART, MORINEAU FÉNELON in Angriff genommen, zumal eine einfache verständliche Darstellung und eine gewisse Konzentration auf wesentliche Aspekte dieses Buchs als besonders geeignet für eine Einführung erscheinen lassen.

Zum Verständnis der wichtigsten Methoden sind nur Kenntnisse der Matrizenrechnung notwendig, insbesondere der Begriffe Matrix, Vektor, Basis, linearer Raum, Unabhängigkeit, Orthogonalität, Rang, Eigenwert, Eigenvektor, positive Definitheit, Spur. Einiges Wissen über Lagrangesche Multiplikatoren, Verteilungen und Momente von zufälligen Variablen und über Signifikanztests ermöglicht das Erfassen einiger zusätzlicher Teile. Kenntnisse über die sogenannte Singulärwertzerlegung einer Matrix und über Graphen geben einen sehr instruktiven Einblick in den mathematischen Hintergrund der Verfahren.

In dem vorliegenden Werk werden nur einige Beweise ausgeführt, vorwiegend zum besseren Verständnis der Methoden, die oft ohnehin nur heuristisch begründet sind. Die als Anhang aufgenommenen FORTRAN-Programme dienen vor allem der Veranschaulichung einer möglichen rechentechnischen Realisierung und einer eventuellen eigenen Erprobung der Verfahren. Für verschiedene Zwecke gibt es günstigere Programme. Es ist für den rechentechnisch wenig vorgebildeten Techniker oder Mediziner durchaus möglich, vorhandene Daten einem Rechenzentrum zwecks Ausführung einer Hauptkomponentenanalyse zu übergeben und dann nach dem Vorbild der Verfahren aus diesem Werk eine Auswertung durchzuführen.

Der Herausgeber hofft, daß dieses Buch sowohl Mathematikern wie auch Wissenschaftlern aus allen Disziplinen und anderen mit der Auswertung von Daten beschäftigten Fachleuten Ideen und Verfahren vermittelt, die bei ihrer breiten Anwendung zu vielen nützlichen Erkenntnissen führen könnten.

Olaf Bunke

Inhaltsverzeichnis

1. Faktorielle Methoden

Man kann die Techniken der Datenanalyse bzw. der mehrdimensionalen deskriptiven (multivariaten) Statistik in zwei große Familien einteilen: die faktoriellen Methoden und die Klassifikationsmethoden.

a) Die *faktoriellen Methoden*, die den Gegenstand dieses Kapitels bilden, sind nach ihrem Prinzip mit den Techniken der Faktorenanalyse verbunden, wie sie zu Beginn des Jahrhunderts von den Psychologen vorgeschlagen und zu einem Instrument entwickelt wurden. Sie verwenden Ausgleichsrechnungen, die lineare Algebra verwenden, und sie erzeugen graphische Darstellungen, bei denen die zu beschreibenden Objekte zu Punkten auf einer Geraden (Achse) oder in einer Ebene werden.

b) Die *Klassifikationsmethoden* (die im Kapitel 2 untergebracht sind) sind neueren Datums. Sie bringen eine (explizite) Formulierung und algorithmische Rechnungen mit ins Spiel und erzeugen Klassen oder Familien von Klassen, die eine Gruppierung und Einteilung der zu beschreibenden Objekte zulassen.

Diese beiden Familien von Methoden ergänzen sich mehr als daß sie in Konkurrenz zueinander ständen, und sie können mit Gewinn auf ein und denselben Datensatz angewendet werden. Jede von ihnen liefert einen anderen Blickwinkel gegenüber dem ihnen unterworfenen statistischen Material.

Man beginnt oft damit, die zu beschreibenden Objekte in ihrer gegenseitigen Beziehung mittels einer kontinuierlichen Raumdarstellung anzuordnen. Danach versucht man, sie zu gruppieren, und man fragt sich daraufhin, ob Konstellationen existieren, denen das vorangegangene Verfahren nicht Rechnung getragen hatte. Der Griff zu faktoriellen Methoden ist daher oft eine Vorbedingung, auf die nicht verzichtet werden kann; wir werden mit der Behandlung dieser Methoden beginnen und sie ausführlich darstellen.

1.1. Allgemeine Ergebnisse

1.1.1. Die verschiedenen Methoden

Die faktoriellen Methoden haben zum Ziel, synthetische Darstellungen sehr großer Gesamtheiten numerischer Werte zu liefern. Die Prinzipien, von denen sie sich inspirieren lassen, sind alt, aber die Entwicklung und der Abwechslungsreichtum ihrer Techniken sind neueren Ursprungs und unbestritten der Verbreitung und den Möglichkeiten der Elektronenrechner zu danken.

Die *klassische Faktorenanalyse* (oder Analyse nach gemeinsamen und spezifischen Faktoren) muß zweifellos als Wegbereiter genannt werden, obwohl sie nicht eine rein deskriptive Methode ist. Begründet und ausgearbeitet von SPEARMAN (1904) und THURSTONE (1947), soll diese Methode ausgehend von den Erscheinungen diejenigen ursächlichen Variablen herausarbeiten, die sich einer direkten Beobachtung entziehen. So könnten die zahlreichen in psychologischen Tests enthaltenen Noten durch eine sehr kleine Anzahl *versteckter Faktoren* erklärt werden, wie z. B. Gedächtnis und Intelligenz. Diese älteste Methode wird indessen kaum außerhalb des Gebiets der Psychologie angewandt, weil sie sich auf ein *a priori* sehr eingeschränktes Modell bezieht (s. 1.6.1).

Die *Hauptkomponentenanalyse* (PEARSON (1901), HOTELLING (1933)) gestattet, eine deskriptive Zusammenfassung (meist in graphischer Form) einer Gesamtheit von *n* Beobachtungen von *p* numerischen Variablen zu erhalten. Diese Methode soll im Abschnitt 1.2 dargestellt werden.

Die *Zuordnungsanalyse* (analyse des correspondances) (BENZECRI 1964) wird Gegenstand von Abschnitt 1.5 sein. Die gegenüber technischen Aspekten etwas stiefmütterlich behandelten Grundlagen dieser Methode gehen sehr weit zurück: man kann sie auf bestimmte Arbeiten von HIRSCHFELD (1935) und FISHER (1940) zurückführen. Will man diesen Gesichtspunkt verfolgen, so kann man die historischen Bemerkungen von HILL (1974) und BENZECRI (1976) zu Rate ziehen. Gerade die Arbeiten des letzteren Autors sind zusammen mit dem Aufkommen der Rechner für die Entwicklung dieser Methode verantwortlich. In dem soeben zitierten Artikel hat BENZECRI gleichzeitig auch die Arbeiten von GUTTMAN (1941) und HAYASHI (1950, 1952) genannt.

Während diese Analyse erlaubt, Kontingenztafeln zu beschreiben, kann sie gleichzeitig auch auf das Studium sehr verschiedener Tableaus positiver Zahlen ausgedehnt werden: auf Inzidenztafeln (binäre Kodierung von Erfülltsein — Nichterfülltsein) oder auch auf in vollständig disjunktiv kodierter Form gegebene Tafeln. Die Wahl der Analyse als bevorzugtem Algorithmus für diese Tableautypen wird durch bestimmte Eigenschaften der Methode begründet. Die gleichartigen Rollen, die jeder der beiden Dimensionen des analysierten Tableaus zukommen, finden allgemeine Anwendung und gestatten ein bequemes Ablesen der Ergebnisse, weil die Interpretationsregeln für die Verwandtschaften bei beiden Mengen dieselben sind. Die Invarianzeigenschaften der Darstellung, die sich aus der Wahl des Abstands ergeben, sind durchaus von Interesse (s. 1.5.2). Die Anpassung der Methode an Tableaus mit typischer Struktur (Guttman-Skala, gewissen Teilgraphen zugeordnete Matrizen) zeigt deren Eignung zum Nachweis dieser Strukturen. Schließlich erleichtert der optimale Charakter der Simultandarstellung (s. 1.5.11) die Interpretation der Ergebnisse.

Andere Methoden können als Abkömmlinge der vorangegangenen angesehen werden: die partielle Kovarianzanalyse, die Ranganalyse, die eine nicht parametrische Variante der Hauptkomponentenanalyse darstellt. Die kanonische Analyse von HOTELLING (s. 1.6.4) spielt eine wichtige theoretische Rolle: sie enthält nämlich als Spezialfälle die mehrdimensionale (multiple) Regression und die Diskriminanzanalyse (s. 1.6.5). Die Zuordnungsanalyse einer Kontingenztafel kann übrigens auch als eine auf spezielle Kodierungen angewandte Diskriminanzanalyse betrachtet werden.

Bei der Beschreibung von Tableaus spielen die Methoden der Datenanalyse die Rolle eines Beobachtungsinstruments. So wie das unendlich Kleine die Verwendung eines Mikroskops und das unendliche Ferne den Gebrauch des Teleskops bzw. des Fernrohrs nötig machen, so muß das Vieldimensionale zu seiner Entzifferung „Rechenprogrammen" unterworfen werden. Man kann diese Algorithmen zur Reduktion von Daten mit einem Röntgenapparat vergleichen, der Bilder einer nicht beobachtbaren Realität liefert (die Undurchsichtigkeit der Gewebe, die eine direkte Sicht auf das Skelett oder auf innere Organe verhindert ist analog zum mehrdimensionalen Charakter von Daten, der deren Verschmelzung oder Assimilation verhindert). Der Gebrauch eines Apparats zur Reihenuntersuchung oder zur Diagnose verlangt eine gewisse Vorbereitung des Gegenstandes, der z. B. Kontrastmittel aufnehmen muß; für uns wird es sich darum handeln, eine eventuelle Rekodierung von Daten vorzunehmen oder sie zu transformieren, indem man Informationen von außen berücksichtigt. Die Interpretation der Ergebnisse ist ganz gewiß an eine grundsätzliche Kenntnis des Funktionierens des Apparats gebunden: die Durchlässigkeit für Röntgenstrahlen hängt von Dichte, Volumen, chemischer Zusammensetzung der Organe usw. ab: Für uns handelt es sich darum, die geometrischen Grundlagen der Operationen zu kennen, denen die Daten unterworfen werden. Jedoch stellt das Abstecken des äußeren Rahmens, wie etwa das Auflisten der Ergebnisse, nicht die heikelste Phase dar, die schwer präzise zu erfassende *klinische Erfahrung* des Arztes ist unersetzbar. Wenn auch die folgenden Darlegungen versuchen, mit den Grundlagen der Methoden bekannt zu machen, so können die wenigen Illustrationen, die sich dort befinden, niemals die unerläßliche *praktische Erfahrung* ersetzen, die der Statistiker „vor Ort" erwerben muß.

Der allen Analysetechniken gemeinsame theoretische Kern wird in Abschnitt 1.1.2 unter der Überschrift ‚Allgemeine Analyse' dargestellt. Man kann das

Prinzip der Anpassungsverfahren (Ausgleichsverfahren), die dort entwickelt werden, auf ECKART und YOUNG (1936) zurückgehen lassen, obwohl sich die hier bevorzugte Darstellung stark davon unterscheidet.

1.1.2. Allgemeine Analyse

In diesem Abschnitt soll versucht werden, das folgende numerische Approximierungsproblem zu lösen: Gegeben sei ein rechteckiges Tableau von Zahlenwerten, das durch eine Matrix X mit n Zeilen und p Spalten und mit allgemeinem Element x_{ij} dargestellt wird. Ist es möglich, die np Werte x_{ij} mittels einer kleineren Anzahl von Zahlenwerten zu rekonstruieren?

Es gibt mehrere Arten, dieses Problem anzugehen und zu behandeln; wir werden hier denjenigen Lösungsweg auswählen, der in direkter Beziehung zu den faktoriellen Methoden steht.

Wir nehmen an, es existieren ein Spaltenvektor $\boldsymbol{u}_1$ mit n Komponenten und ein Spaltenvektor $\boldsymbol{v}_1$ mit p Komponenten, so daß $X = \boldsymbol{u}_1\boldsymbol{v}_1'$ gilt. Man wird nun die np Werte von X allein mittels $n+p$ Zahlenwerten rekonstruieren (in diesem Fall ist das Tableau X vom *Rang* 1). Praktisch ist es außerordentlich unwahrscheinlich, daß man eine so einfache Partition erhalten kann. Man wird eine *Approximation vom Rang q* für X suchen, d. h. eine Approximation der Form

$$X = \boldsymbol{u}_1\boldsymbol{v}_1' + \boldsymbol{u}_2\boldsymbol{v}_2' + \dots + \boldsymbol{u}_q\boldsymbol{v}_q' + E\,,$$

wo E eine (n,p)-Restmatrix ist, deren Elemente hinreichend klein sind, so daß man annehmen kann, daß die np Werte, die X bilden, in befriedigender Weise rekonstruiert sind durch die $q(n + p)$ Werte der Vektoren $\boldsymbol{u}_\alpha$ und $\boldsymbol{v}_\alpha$.

Dieses Problem soll mit *geometrischen Darstellungen* gelöst werden, die die Verbindung zu den faktoriellen Methoden herstellen. Das Tableau X gibt Anlaß zu zwei geometrischen Darstellungen: die n Zeilen von X können als Koordinaten von n Punkten im p-dimensionalen Raum $\mathbf{R}^p$ betrachtet werden; oder die p Spalten von X werden dargestellt als Koordinaten von p Punkten in einem n-dimensionalen Raum.

Anpassung eines Teilvektorraumes im $\mathbf{R}^p$

Ist die Wolke der n das Tableau X füllenden Punkte dieses Raumes in einem Teilvektorraum der Dimension q (kleiner als p) enthalten, so ist es möglich, die Positionen der n Punkte (und damit X) ausgehend von den Koordinaten auf den q neuen Achsen und den Komponenten dieser neuen Achsen zu rekonstruieren. So ersetzt man np Zahlen durch $nq + pq$ Zahlen (wenn beispielsweise $n = 1000$, $p = 100$ und $q = 10$ ist, rekonstruiert man 10^5 Zahlen aus nur 11000 Zahlen).

Es soll nun versucht werden, der Wolke von n Punkten einen Teilvektorraum des $\mathbf{R}^p$ anzupassen, der mit dem gewöhnlichen euklidischen Abstand versehen ist.

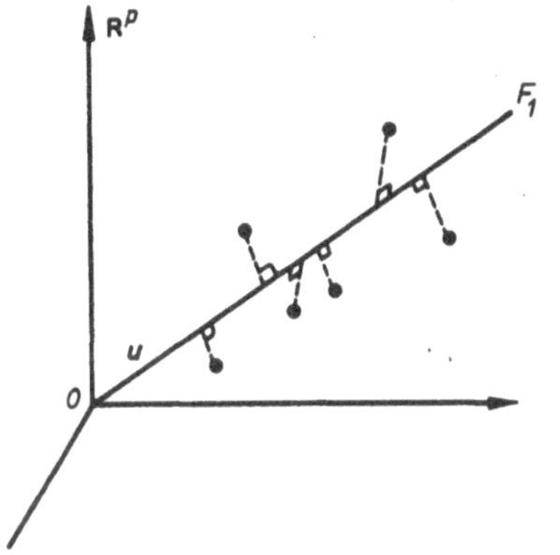

Abb. 1

Wir beginnen damit, die *durch den Koordinatenursprung gehende* Gerade F_1 zu suchen, die sich an die Punktwolke am besten anpaßt. Sei $\boldsymbol{u}$ der diese Gerade bestimmende Einheitsvektor, d. h., sei $\boldsymbol{u}'\boldsymbol{u} = 1$ oder auch $\sum_{j=1}^{p} u_j^2 = 1$. Dann stellt jede Zeile von X einen Punkt des $\mathbf{R}^p$ dar. Die n Zeilen des Vektors $X\boldsymbol{u}$ sind die n Skalarprodukte dieser Punkte mit $\boldsymbol{u}$ und sind somit die Längen der Projektionen dieser n Punkte auf F_1.

Für jeden Punkt kann man das Quadrat seines Abstandes vom Koordinatenursprung in das Quadrat seiner Projektion auf F_1 und in das Quadrat seines Abstandes von F_1 zerlegen. Sind die Abstände vom Ursprung gegeben, so ist es äquivalent, entweder die Summe der n Abstandsquadrate von F_1 zu minimieren oder die Summe der Projektionsquadrate auf F_1 zu maximieren. Möchte man erreichen, daß die Quadratsumme dieser Projektionen maximal wird, dann muß man ein $\boldsymbol{u}$ suchen, das die Größe

$$(X\boldsymbol{u})'X\boldsymbol{u} = \boldsymbol{u}'X'X\boldsymbol{u}$$

maximiert.

Das Auffinden eines eindimensionalen Teilvektorraums, der sich im Sinne der kleinsten Quadrate der Wolke der n Punkte am besten anpaßt, bedeutet somit, die quadratische Form $\boldsymbol{u}'X'X\boldsymbol{u}$ unter der Restriktion $\boldsymbol{u}'\boldsymbol{u} = 1$ zu maximieren, dieser optimale Teilraum wird dann mit $\boldsymbol{u}_1$ bezeichnet.

Man zeigt leicht, daß der beste zweidimensionale Teilvektorraum $\boldsymbol{u}_1$ enthalten wird. Man findet ihn, wenn man denjenigen zu $\boldsymbol{u}_1$ orthogonalen Einheitsvektor $\boldsymbol{u}_2$

sucht (d. h. mit $u_2'u_1 = 0$ und $u_2'u_2 = 1$), der die quadratische Form $u_2'X'Xu_2$ maximiert.

Auf Grund einer rekursiven Betrachtung sieht man in analoger Weise, daß der beste q-dimensionale Unterraum durch die Vektoren $u_1, u_2, \dots, u_q$ aufgespannt wird, wobei u_q zu $u_1, u_2, \dots, u_{q-1}$ orthogonal ist und die quadratische Form $u_q'X'Xu_q$ maximiert, wiederum unter der Nebenbedingung $u_q'u_q = 1$. Die mathematische Lösung dieses Problems kann man im folgenden Abschnitt finden. Wir setzen voraus, daß $q \leqq r$ ist, wobei r der Rang der Matrix X und damit auch der Matrizen $X'X$ und XX' ist. Weiterhin setzen wir voraus, daß die r positiven Eigenwerte dieser Matrizen einfach sind.

Berechnung des Maximums von $u'X'Xu$ unter der Nebenbedingung $u'u = 1$

Wir geben zwei Wege an, die sich zweier verschiedener mathematischer Begriffe bedienen: der erste verwendet einfache Regeln für die Matrix-Differentiation, die für die Berechnung restringierter Extrema nützlich sind. Der zweite setzt die Kenntnis der Eigenschaften von Eigenwerten und Eigenvektoren von symmetrischen Matrizen voraus.

Erster Weg

Sei λ ein Lagrangescher Multiplikator. Die Ableitungen der Größe $u'X'Xu - \lambda(u'u - 1)$ nach den verschiedenen Komponenten von u, die dann gleich Null gesetzt werden, führen zu der Matrixbeziehung

$$2X'Xu - 2\lambda u = 0\,, \qquad \text{d. h.} \qquad X'Xu = \lambda u\,.$$

Das zeigt, daß u Eigenvektor der Matrix $X'X$ ist. Wir bemerken, daß $u'X'Xu = \lambda u'u = \lambda$ gilt. Das gesuchte Maximum ist daher ein Eigenwert von $X'X$. Somit wird u ein dem *größten* Eigenwert λ_1 entsprechender Eigenvektor u_1 der symmetrischen Matrix $X'X$ sein.

Wenn wir denjenigen zweidimensionalen Raum suchen, der sich der Punktwolke am besten anpaßt, so müssen wir eine zweite Gerade in Richtung des Eigenvektors t finden, der durch den Koordinatenursprung geht und $t'X'Xt$ maximiert, wobei er noch zu u_1 orthogonal ist (d. h. $t'u_1 = 0$ und $t't = 1$).

Die Lagrangesche Form enthält die beiden Multiplikatoren λ und μ:

$$t'X'Xt - \lambda(t't - 1) - \mu t'u_1\,.$$

Setzt man ihre partiellen Ableitungen nach den beiden Komponenten von t gleich Null, so führt dies zu der Matrizengleichung

$$2X'Xt - 2\lambda t - \mu u_1 = 0\,.$$

Wir multiplizieren von links mit $\boldsymbol{u}_1'$ und nutzen aus, daß $\boldsymbol{u}_1'\boldsymbol{X}'\boldsymbol{X} = \lambda_1 \boldsymbol{u}_1'$ und $\boldsymbol{u}_1'\boldsymbol{t} = 0$ gilt; es ergibt sich $\mu = 0$ und folglich $\boldsymbol{X}'\boldsymbol{X}\boldsymbol{t} = \lambda \boldsymbol{t}$. Somit wird $\boldsymbol{t}$ zum Eigenvektor, der dem zweitgrößten Eigenwert von $\boldsymbol{X}'\boldsymbol{X}$ zugeordnet ist. Das Ergebnis läßt sich auf weitere Eigenwerte ausdehnen, wobei r der Rang von $\boldsymbol{X}'\boldsymbol{X}$ ist.

Schließlich paßt sich im Sinne der kleinsten Quadrate eine orthonormierte Basis des q-dimensionalen Teilvektorraumes der Punktwolke am besten an. Sie wird von den den q größten Eigenwerten entsprechenden q Eigenvektoren der Matrix $\boldsymbol{X}'\boldsymbol{X}$ gebildet.

Zweiter Weg

Seien $\boldsymbol{b}_\alpha$ (die bis auf einen Faktor -1 eindeutigen) orthonormale Eigenvektoren der Matrix $\boldsymbol{X}'\boldsymbol{X}$ zu den positiven Eigenwerten λ_α. Sei $\boldsymbol{B}$ diejenige Matrix, die die Einheitseigenvektoren $\boldsymbol{b}_\alpha$ als Spalten besitzt. Dann hat man hier

$$\boldsymbol{X}'\boldsymbol{X}\boldsymbol{B} = \boldsymbol{B}\boldsymbol{\Lambda}\,,$$

wobei $\boldsymbol{\Lambda}$ diejenige Diagonalmatrix ist, die als Diagonalelemente die Eigenwerte λ_α besitzt. Man kann die orthogonalen Einheitsvektoren wie folgt beschreiben:

$$\boldsymbol{X}'\boldsymbol{X} = \boldsymbol{B}\boldsymbol{\Lambda}\boldsymbol{B}' \qquad (\boldsymbol{B}'\boldsymbol{B} = \boldsymbol{I},\ \boldsymbol{B}\boldsymbol{B}' = \boldsymbol{I})\,.$$

Setzen wir $\boldsymbol{y} = \boldsymbol{B}'\boldsymbol{u}$, so wird die quadratische Form $\boldsymbol{u}'\boldsymbol{X}'\boldsymbol{X}\boldsymbol{u}$ zu $\boldsymbol{y}'\boldsymbol{\Lambda}\boldsymbol{y}$, und die Bedingung $\boldsymbol{u}'\boldsymbol{u} = 1$ wird zu $\boldsymbol{y}'\boldsymbol{y} = \sum y_\alpha^2 = 1$. Das Problem wird also zurückgeführt auf das folgende: man bestimme die Komponenten y_α, die das Maximum von $\sum_\alpha \lambda_\alpha y_\alpha^2$ unter unter der Restriktion $\sum_\alpha y_\alpha^2 = 1$ garantieren.

Sind die Eigenwerte nach fallender Größe angeordnet, so bezeichnet λ_1 den größten. Dann hat man

$$\sum_\alpha (\lambda_1 - \lambda_\alpha)\, y_\alpha^2 \geqq 0$$

und folglich $\sum_\alpha \lambda_\alpha y_\alpha^2 \leqq \lambda_1$. Dieser maximale Wert λ_1 kann für den speziellen, durch $y_1 = 1$, $y_\alpha = 0$ für $\alpha \neq 1$ definierten Vektor effektiv gewonnen werden. Da $\boldsymbol{u} = \boldsymbol{B}\boldsymbol{y}$ gilt, wird es sich bei dem gesuchten Vektor $\boldsymbol{u}$ um den dem größten Eigenwert zugeordneten Eigenvektor handeln; er werde mit $\boldsymbol{u}_1$ bezeichnet.

Wenn wir nun einen zu $\boldsymbol{u}_1$ orthogonalen Vektor $\boldsymbol{t}$ suchen, der $\boldsymbol{t}'\boldsymbol{X}'\boldsymbol{X}\boldsymbol{t}$ maximiert, so zeigt uns die gleiche Variablenänderung, daß $\boldsymbol{z} = \boldsymbol{B}'\boldsymbol{t}$ zum obigen Vektor $\boldsymbol{y}$ orthogonal ist und also, daß die dem Index 1 entsprechende Komponente von $\boldsymbol{z}$ verschwindet. Das Maximum von $\sum_{\alpha \neq 1} \lambda_\alpha z_\alpha^2$ mit $\sum z_\alpha^2 = 1$ muß also λ_2 sein, der zweitgrößte Eigenwert, woraus sich das am Ende des vorangegangenen Beweises genannte Resultat ergibt.

Bemerkung: Im Falle mehrfacher Eigenwerte (was äußerst selten auftritt, wenn das Tableau X aus experimentell gewonnenen Zahlenwerten besteht) kann man analog vorgehen.[1]

Anpassung eines Teilvektorraum im $\mathbf{R}^n$

Im Raum $\mathbf{R}^n$ definiert das Tableau X eine Wolke von p Punkten. Sei $\mathbf{v}$ der Vektor der Richtungskosinusse einer durch den Koordinatenursprung gehenden Geraden G_1. Dafür, daß sich diese Gerade im Sinne der kleinsten Quadrate der Wolke der p Punkte des $\mathbf{R}^n$ möglichst gut anpaßt, ist es wie schon vorher nötig, daß die Quadratsumme der Projektionen auf G_1 maximal wird. Die p Werte dieser Projektionen sind die p Zeilen des Vektors der Skalarprodukte $X'\mathbf{v}$. Daher wird die Quadratsumme jetzt in der Gestalt $\mathbf{v}'XX'\mathbf{v}$ geschrieben. Der gesuchte Vektor $\mathbf{v}$ (mit n Komponenten) muß daher die quadratische Form $\mathbf{v}'XX'\mathbf{v}$ bei Erfülltsein der Restriktion $\mathbf{v}'\mathbf{v} = 1$ maximieren.

Nun wissen wir, daß $\mathbf{v}$ der Eigenvektor der Matrix $X'X$ bezogen auf den größten Eigenwert μ_1 ist. Analog kann man den im Sinne der kleinsten Quadrate besten q-dimensionalen ($q \leqq r$), von den Vektoren $\mathbf{v}_1, \mathbf{v}_2, \ldots, \mathbf{v}_q$ aufgespannten Ausgleichsunterraum berechnen.

Die Beziehung zwischen den Unterräumen von $\mathbf{R}^p$ und von $\mathbf{R}^n$

Wir wollen sehen, welche Beziehungen zwischen den oben definierten Vektoren $\mathbf{v}_\alpha$ und $\mathbf{u}_\alpha$ bestehen können. Nach Definition von $\mathbf{v}_\alpha$ gilt

$$XX'\mathbf{v} = \mu_\alpha \mathbf{v}_\alpha ,$$

Multipliziert man die beiden Glieder dieser Relation von links mit der Matrix X', so erhält man $X'X(X'\mathbf{v}_\alpha) = \mu_\alpha(X'\mathbf{v}_\alpha)$. Somit entspricht jedem Eigenvektor $\mathbf{v}_\alpha$ (mit $\alpha \leqq r$) von XX' ein Eigenvektor von $X'X$, bezogen auf denselben Eigenwert. Also ist jeder von Null verschiedene Eigenwert der Matrix XX' Eigenwert von $X'X$, und die einander entsprechenden Eigenvektoren sind durch die Beziehung

$$\mathbf{u}_\alpha = k_\alpha X'\mathbf{v}_\alpha \qquad (k_\alpha \text{ eine Konstante})$$

miteinander verbunden.

Die Menge der Werte von μ_α für $\alpha = 1, 2, \ldots, r$ ist also eine Teilmenge der Werte von λ_α.

[1] Anmerkung d. Hrsg.: Wenn man die positiven Eigenwerte der Größe nach anordnet ($\lambda_1 \geqq \ldots \geqq \lambda_r > \lambda_{r+1} = \ldots = \lambda_p = 0$), dann werden k-fache Eigenwerte hier k-mal aufgeführt. Sie entsprechen k orthogonalen Eigenvektoren. Die obigen Überlegungen sind auch mit ihnen durchführbar.

Multipliziert man in analoger Weise die beiden Seiten der Relation $X'Xu_\alpha = \lambda_\alpha u_\alpha$ von links mit X, so erhält man $(XX')Xu_\alpha = \lambda_\alpha Xu_\alpha$. Damit entspricht jedem Eigenvektor u_α von $X'X$ ein Eigenvektor Xu_α von XX', bezogen auf denselben Eigenwert λ_α. Schließlich hat man dann für jedes $\alpha \leqq r$:

$$\lambda_\alpha = \mu_\alpha \qquad \text{und} \qquad v_\alpha = k'_\alpha X u_\alpha \qquad (k'_\alpha \text{ eine Konstante}).$$

Bedenkt man, daß $u'_\alpha u_\alpha = v'_\alpha v_\alpha = 1$ gilt, so findet man $k_\alpha^2 = k_\alpha'^2 = 1/\lambda_\alpha$. Nun kann man das System der Fundamentalrelationen wie folgt schreiben:[2]

$$u_\alpha = \frac{1}{\sqrt{\lambda_\alpha}} X' v_\alpha, \tag{1}$$

$$v_\alpha = \frac{1}{\sqrt{\lambda_\alpha}} X u_\alpha. \tag{2}$$

Die Achse F_α, auf der der Einheitsvektor u_α aufgetragen ist, heißt *α-te Faktorenachse* von $\mathbf{R}^p$. Die Achse G_α, auf der der Einheitsvektor v_α aufgetragen ist, heißt *α-te Faktorenachse* im $\mathbf{R}^n$.

Die *Koordinaten* der Punkte der Wolke über der α-Achse im $\mathbf{R}^p$ (bzw. im $\mathbf{R}^n$) sind nach Konstruktion die Komponenten von Xu_α (bzw. von $X'v_\alpha$). Somit gibt es eine Proportionalität zwischen den Koordinaten eines Punktes über einer α-Achse in dem einen Raum und Einheitskomponenten (oder Richtungskosinusse) der α-Achse im anderen Raum.

Die Rekonstruktion des Tableaus X

Wir wollen zeigen, wie man die Positionen der Punkte einer Wolke im $\mathbf{R}^p$ (oder im $\mathbf{R}^n$) angenähert rekonstruieren kann, wenn man von den Koordinaten dieser Punkte auf der Basis eines Teilraumes ausgeht, der sich der Punktwolke im Sinne der Methode der kleinsten Quadrate am besten anpaßt.

Wir nehmen an, daß es die Achse u_1 im $\mathbf{R}^p$ erlaubt, die Positionen der verschiedenen Punkte hinreichend gut zu lokalisieren. In diesem Falle muß der erste Eigenwert λ_1 viel wichtiger sein als die anderen, weil $\lambda_1 = u'_1 X' X u_1$ in der Projektion die Quadratsumme der Abstände vom Koordinatenursprung mißt. Allgemeiner gestattet es ein aus den q ersten Faktorenachsen gebildetes n-Bein (Koordinaten-

[2] Anmerkung d. Hrsg.: Dabei müssen eventuell einige der Eigenvektoren mit —1 multipliziert werden. Man kann also o. B. d. A. die Eigenvektoren immer derart wählen, daß (1) und (2) erfüllt sind.

system), die Positionen der Punkte mit einer „guten Genauigkeit“ zu rekonstruieren, falls die Größe $\lambda_1 + \lambda_2 + \ldots + \lambda_q$ einen „angemessenen Anteil“ der Spur

$$\operatorname{spur}(X'X) = \sum_{\alpha=1}^{q} \lambda_\alpha = \sum_i \sum_j x_{ij}^2$$

darstellt.

Will man, ausgehend von den q Achsen, die Zahlenwerte von Anfang an (d. h. die Koordinaten der Punkte im $\mathbf{R}^p$) rekonstruieren, so muß man gleichzeitig die Koordinaten der Punkte über den anderen Faktorenachsen und die Richtungskosinusse der Faktorenachsen verwenden. Die Beziehung (2) lautet dann $X\boldsymbol{u}_\alpha = \sqrt{\lambda_\alpha}\, \boldsymbol{v}_\alpha$.

Wir multiplizieren die beiden Seiten von rechts mit $\boldsymbol{u}'_\alpha$ und erhalten

$$X\boldsymbol{u}_\alpha \boldsymbol{u}'_\alpha = \sqrt{\lambda_\alpha}\, \boldsymbol{v}_\alpha \boldsymbol{u}'_\alpha .$$

Dies summieren wir für sämtliche Werte von α (falls verschwindende Eigenwerte existieren, dann vervollständigen die entsprechenden Vektoren $\boldsymbol{u}_\alpha$ die Basis des $\mathbf{R}^p$):

$$X\left\{\sum_{\alpha=1}^{p} \boldsymbol{u}_\alpha \boldsymbol{u}'_\alpha\right\} = \sum_{\alpha=1}^{p} \sqrt{\lambda_\alpha}\, \boldsymbol{v}_\alpha \boldsymbol{u}'_\alpha .$$

Die Größe in den geschweiften Klammern ist gerade die Einheitsmatrix, denn sie ist das Produkt der Orthogonalmatrix der Eigenvektoren mit ihrer Transponierten, die gleichzeitig ihre Inverse ist. Somit erhält man die Rekonstruktionsformel (wobei unter jedem Tableau dessen Dimensionen angemerkt sind):

$$\underset{(n,\,p)}{X} = \sum_{\alpha=1}^{p} \sqrt{\lambda_\alpha}\, \underset{(n,\,1)}{\boldsymbol{v}_\alpha}\, \underset{(1,\,p)}{\boldsymbol{u}'_\alpha} . \tag{3}$$

Wenn man sich auf die ersten q Achsen beschränkt, dann erhält man eine *angenäherte* Rekonstruktion X^* des Tableaus X der numerischen Daten in dem Maße, wie die

$$\sqrt{\lambda_{q+1}}, \ldots, \sqrt{\lambda_p}$$

als „klein“ betrachtet werden können:

$$X \simeq X^* = \sum_{\alpha=1}^{q} \sqrt{\lambda_\alpha}\boldsymbol{v}_\alpha \boldsymbol{u}'_\alpha . \tag{4}$$

Man ersetzt hier die $n \times p$ Zahlen des Tableaus $\boldsymbol{X}$ durch nur $q \times (n + p)$ aus den q Vektoren $\sqrt{\lambda_\alpha}\, \boldsymbol{v}_\alpha$ und den q Vektoren $\boldsymbol{u}_\alpha$.

Die globale Güte der Rekonstruktion kann durch die Größe

$$\tau_q = \sum_{\alpha=1}^{q} \lambda_\alpha \Big/ \sum_{\alpha=1}^{p} \lambda_\alpha$$

gemessen werden.[3]

Jeder Eigenwert λ_α mißt offensichtlich die Quadratsumme der Projektionen auf die α-Achse. Der (kumulierte) *Unempfindlichkeitsrate* oder *Varianzanteil* genannte Quotient τ_q mißt somit den Anteil der Streuung der Punktwolke, der zu Lasten des q-dimensionalen Unterraums geht[4].

Aufgliederung der allgemeinen Analyse

Das Problem der numerischen Rekonstruktion soll zum Anlaß genommen werden, den den verschiedenen Methoden zu Grunde liegenden Formalismus ins Einzelne gehend darzustellen. Wenn es sich jedoch um die *statistische Analyse* (und nicht mehr um die numerische Approximation) handelt, so verfügt man oft über ergänzende Informationen, die die Natur der Daten betreffen; setzt man diese Informationen in Rechnung, so kommt man dahin, daß gewisse Transformationen dem Anfangstableau vorangehen müssen. Die weiter unten kurz dargestellten Methoden sollen diesen Aspekt kurz veranschaulichen.

Hauptkomponentenanalyse. Das Ausgangstableau $\boldsymbol{R}$ ist asymmetrisch; sein allgemeines Element r_{ij} ist die i-te Beobachtung der Variablen j. Was ihre Mittelwerte betrifft, so können die Variablen sehr heterogen sein. Die Hauptkomponentenanalyse ist ein Spezialfall der allgemeinen Analyse des Tableaus $\boldsymbol{X}$, in dem man als allgemeines Element $x_{ij} = (r_{ij} - \bar{r}_j)/\sqrt{n}$ wählt, wobei $\bar{r}_j$ das arithmetische Mittel der n Werte der j-ten Variablen bezeichnet.

Analyse nach normierten Hauptkomponenten. In einem zum vorangegangenen analogen Tableau $\boldsymbol{R}$ dürfen die Variablen im Mittel heterogen, aber in der Streuung müssen sie gleich sein (die Maßeinheiten können verschieden sein: Zentimeter, Kilogramm, . . . usw.), und der Vergleich der Messungen zweier Variablen hat

[3] Anmerkung d. Hrsg.: $\lambda_\alpha \Big/ \sum_{\beta=1}^{p} \lambda_\beta$ würde man die zum α-ten Faktor gehörige Unempfindlichkeitsrate nennen.

[4] Als Übung kann man verifizieren, daß $\tau_q = \sum_{i,j} x_{ij}^{*2} \Big/ \sum_{i,j} x_{ij}^2$ gilt, wenn man bedenkt, daß $\text{spur}\,(\boldsymbol{X}'\boldsymbol{X}) = \sum_{i,j} x_{ij}^2$ ist, und die Formeln (3) und (4) anwendet.

keinen Sinn. Man wird also das Tableau $x_{ij} = (r_{ij} - \bar{r}_j)s_j\sqrt{n}$ analysieren, wobei die s_j die empirische Standardabweichung der j-ten Variablen bezeichnen. Diese Transformation ist noch asymmetrisch. Die zu diagonalisierende Matrix $X'X$ ist dann die Matrix der experimentellen Korrelationen der Variablen.

Rang-Analyse. Die Heterogenität des Tableaus $\boldsymbol{R}$ führt uns dazu, den zu beobachtenden Wert r_{ij} durch den Rang p_{ij} der i-ten Beobachtung unter den n Werten der j-ten Variablen zu ersetzen. Sämtliche transformierten Variablen haben denselben Mittelwert $m = (n + 1)/2$ und dieselbe Varianz $s^2 = (n^2 - 1)/12$. Die allgemeine Analyse des Tableaus $x_{ij} = (p_{ij} - m)/s\sqrt{n}$ führt darauf, die Matrix $X'X$ zu diagonalisieren, die die Rang-Korrelationsmatrix von SPEARMAN ist.

Partielle Korrelationsanalyse. In diesem Analysetyp führt die von außen kommende Information nicht nur dazu, Korrekturen im Niveau oder in der Skala auszuführen, sondern bei den Ausgangsdaten; es handelt sich darum, nach Möglichkeit die Wirkung exogener Variabler zu studieren, die das Phänomen „stören". Man wird dann dafür Sorge tragen, eine allgemeine Analyse der Wolke von *verbleibenden Variablen* auszuführen, nachdem man versucht hat, die Wirkung der exogenen Variablen durch lineare Anpassung zu eliminieren.

Zuordnungsanalyse. Diese Methode ist ganz besonders auf die Analyse von Kontingenztafeln zugeschnitten, bei denen das allgemeine Element f_{ij} eine Häufigkeit ist. Sie enthält eine allgemeine Analyse des Tableaus X mit dem allgemeinen Element

$$x_{ij} = (f_{ij} - f_{i.}f_{.j})/\sqrt{f_{i.}f_{.j}} \quad \left(\text{mit } f_{i.} = \sum_j f_{ij} \text{ und } f_{.j} = \sum_i f_{ij}\right)$$

Die ersten vier Methoden liefen genau auf eine allgemeine Analyse nach einer vorbereitenden Transformation der Daten hinaus, für die die Indizes i und j keine symmetrische Rolle spielten. Für die Zuordnungsanalyse bewirkt die Transformation einen Eingriff in die Indizes i und j in symmetrischer Weise.

Grundlage des größten Teils der Anwendungen ist eine fundamentale Idee: *Ein Tableau kann zu Darstellungen in Form von Punktwolken in zwei Räumen Anlaß geben, und die Anpassungen dieser beiden Punktwolken sind durch einfache Beziehungen verbunden.*

Indem man sich entscheidet, die verschiedenen Analysemethoden aus dem Formalismus der allgemeinen Analyse heraus darzustellen, hat man einen Kompromiß zwischen Darstellungsvermögen und Einfachheit geschlossen. Die Einführung irgendwelcher Metriken oder die Anwendung der kanonischen Analyse (die hier Gegenstand einer gesonderten Darstellung ist) hätte zweifellos eine elegantere Darstellung ermöglicht, aber auch das Risiko bedeutet, daß diese fundamentale Idee unter für den Praktiker wenig nützlichen Entwicklungen verschüttet wird.

1.2. Hauptkomponentenanalyse

1.2.1. Allgemeines

Man wird die Hauptkomponentenanalyse dann anwenden, wenn es sich darum handelt, ein Tableau ***R*** reeller Zahlenwerte vom Typ „Variablen — Individuen" zu beschreiben. Um die Idee zu fixieren, könnte das Tableau ***R*** $p = 100$ Spalten, die 100 Produkte repräsentieren, und $n = 1000$ Zeilen, die 1000 Individuen darstellen, umfassen; die Zeile i enthielte dann die 100 jährlichen Aufwandsposten des Individuums i. Tatsächlich wird man sämtliche Stufen der Analyse in einem Tableau von reduzierter Dimension darstellen, indem man im Gedächtnis behält, daß die Beschreibungsmethode wirklich nur dann nützlich ist, wenn sich gerade die Ausmaße des Tableaus als Hindernis für Lektüre und direkte Anpassung herausstellen.

Tab. 1

	Brot	Gemüse	Früchte	Fleisch	Geflügel	Milch	Wein
MA2*	332	428	354	1437	526	247	427
EM2	293	559	388	1527	567	239	258
CA2	372	767	562	1948	927	235	433
MA3	406	563	341	1507	544	324	407
EM3	386	608	396	1501	588	319	363
CA3	438	843	689	2345	1148	243	341
MA4	534	660	367	1620	638	414	407
EM4	460	699	484	1856	762	400	416
CA4	385	789	621	2366	1149	304	282
MA5	655	776	423	1848	759	495	486
EM5	584	995	548	2056	893	518	319
CA5	515	1097	887	2630	1167	561	284
Mittelwerte	446,7	737,8	505,0	1886,7	803,2	358,2	368,6
Abweichungstypen	102,6	172,2	158,1	378,9	238,9	112,1	68,7

* Die Identifikatoren nach 3 Charakteren informieren uns über die Anzahl der Kinder im Haushalt (2, 3, 4 oder 5) und über die zusammengefaßten Berufscharakteristiken des Haushaltsvorstandes (MA = Handarbeiter, EM = nicht manuell arbeitender Angestellter, CA = leitender Angestellter). In der Wirklichkeit sind die Daten selbst Mittelwerte in jeder Kategorie (s. N. TABARD et al. 1967).

Ein zur Veranschaulichung der verschiedenen Rechenphasen gedachtes Tableau gibt die Jahresausgaben von $n = 12$ Haushalten für $p = 7$ Produkte bzw. Kategorien von Produkten wieder (Tab. 1).

An diesem Beispiel wird gezeigt werden, wie die allgemeine Analyse adaptiert werden muß, wenn es sich nicht nur einfach um eine Reduktion, sondern auch um eine Beschreibung des Tableaus handelt und die hauptsächlichen gebräuchlichen numerischen Ergebnisse angegeben werden sollen.

1.2.2. Analyse im $\mathbf{R}^p$

Die n Punkte dieses Raums sind die Individuen. Wir wollen eine Darstellung der Verwandtschaft zwischen diesen Punkten in einem niedrigdimensionalen Raum gewinnen. Also gibt es keinen Grund dafür, daß der Teilraum von einer Dimension, die eine minimale Deformation der Verwandtschaften zwischen den Punkten sichert, gezwungen wäre, durch den Ursprung der Achsen zu gehen. Offensichtlich interessiert uns nicht nur die *Lage* der Punktwolke relativ zum Koordinatenursprung, sondern auch ihre *Form*. Aus Abb. 2 wird klar, daß der affine Unterraum H_1 (mit freier Richtung) der Verwandtschaft zwischen den Punkten besser Rechnung trägt als der Teilvektorraum H_0 (die durch den Koordinatenursprung gehende Gerade).

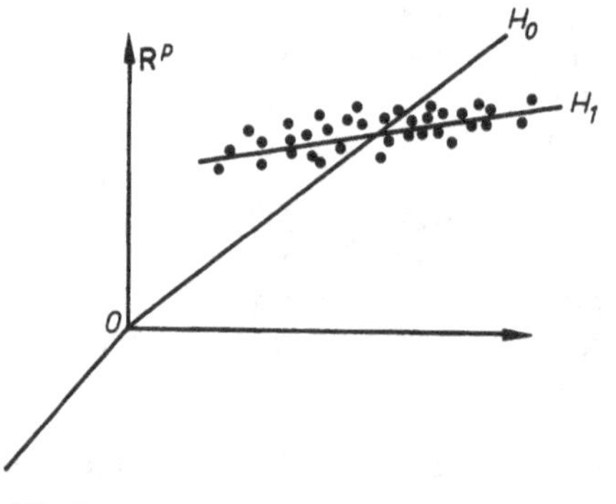

Abb. 2

Diese Bemerkung wird uns dazu führen, als neuen Koordinatenursprung den Schwerpunkt (das Bary-Zentrum bzw. den Mittelwertspunkt) der Punktwolke zu wählen, dessen p Komponenten die p arithmetischen Mittel $\bar{r}_j$ sind.

Bezeichnen h_i und h_j die Projektionen der beiden Punkte i und j auf eine Gerade H, so kann man sich offenbar vornehmen, die Summe $\sum_{i,j} (h_i - h_j)^2$ zu maximieren. Entwickelt man diese Summe, so sieht man leicht, daß sie gleich

$2n \sum_i (h_i - \bar{h})^2$ ist, wobei $\bar{h}$ das Mittel der Projektionen (und also die Projektion des Mittels) bezeichnet. Nimmt man den Mittelwertspunkt als Koordinatenursprung, so sichert man $\bar{h} = 0$; somit tritt die Suche nach derjenigen Gerade H_1, die die Menge der Abstandsquadrate zwischen den Paaren am besten berücksichtigt, in den Rahmen der allgemeinen Analyse.

Man wird daher setzen

$$x_{ij} = (r_{ij} - \bar{r}_j)/\sqrt{n}\,.$$

So wird der Einfluß des allgemeinen Niveaus jeder Variablen eliminiert. Der Koeffizient $1/\sqrt{n}$ dient lediglich dem Ziel, die zu diagonalisierende Matrix $\boldsymbol{X}'\boldsymbol{X}$ mit der empirischen *Kovarianzmatrix* in Übereinstimmung zu bringen, was einem weitverbreiteten Brauch entspricht.

Eine zusätzliche Modifikation des Ausgangstableaus kann sich auch noch notwendig machen, wenn die Streuungen der Variablen sehr verschieden sind. Das führt zur *normierten Hauptkomponentenanalyse*, d. h. auf die allgemeine Analyse des transformierten Tableaus

$$x_{ij} = (r_{ij} - \bar{r}_j)/s_j\sqrt{n} \quad \text{mit} \quad s_j^2 = \frac{1}{n}\sum_i (r_{ij} - \bar{r}_j)^2 .^5$$

Offensichtlich wird bei der Berechnung des Abstandsquadrates zwischen zwei Individuen i und i'

$$d^2(i, i') = \frac{1}{n}\sum_{j=1}^{p} (r_{ij} - r_{i'j})^2/s_j^2$$

die Division jedes Summenglieds durch die entsprechende Varianz s_j^2 mit Erfolg dazu führen, daß die Auswirkung sehr stark gestreuter Variablen auf den Wert des Abstands reduziert wird. So wird jede Variable zur Bestimmung der Verwandtschaften einen analogen Beitrag leisten.

Bei der normierten Hauptkomponentenanalyse fällt die zu diagonalisierende Matrix $\boldsymbol{X}'\boldsymbol{X}$ mit der *Korrelationsmatrix* $\boldsymbol{C}$ zwischen den Variablen zusammen. Für unser angeführtes Beispiel gibt Tab. 2 die Matrix $\boldsymbol{C} = \boldsymbol{X}'\boldsymbol{X}$, die zur Durchführung der Analyse benötigt wird.

Allein schon ein Blick auf diese (7×7)-Matrix vermittelt uns eine Vorstellung vom Netz der zwischen den Variablen bestehenden Beziehungen. Man erkennt

[5] Anmerkung d. Hrsg.: Die (empirische) Varianz oder Streuung s_j^2 einer Variablen j oder des zugehörigen Vektors ist wie eine übliche Stichprobenstreuung definiert. Die (empirische) Standardabweichung ist dann s_j. Analog ist die (empirische) Kovarianz zwischen zwei Variablen j und j' mit den zugehörigen Vektoren $\boldsymbol{r}_j$ (seine Komponenten sind $r_{1j}, \ldots, r_{nj}$) und $\boldsymbol{r}_{j'}$ durch

$$\frac{1}{n}\sum_{i=1}^{n} (r_{ij} - \bar{r}_j)(r_{ij'} - \bar{r}_{j'}) = k_{jj'}$$

und die (empirische) Korrelation durch $c_{jj'} = k_{jj'}/s_j s_{j'}$ definiert.

Tab. 2. Korrelationsmatrix C

	Brot	Gemüse	Früchte	Fleisch	Geflügel	Milch	Wein
Brot	1,00						
Gemüse	0,59	1,00					
Früchte	0,20	0,87	1,00				
Fleisch	0,32	0,89	0,96	1,00			
Geflügel	0,25	0,83	0,93	0,98	1,00		
Milch	0,86	0,66	0,33	0,37	0,23	1,00	
Wein	0,30	−0,35	−0,49	−0,44	−0,40	0,01	1,00

leicht, daß bei einer (100 × 100)-Matrix auf eine Hauptkomponentenanalyse keineswegs verzichtet werden kann.[6]

Zusammengefaßt hat nun also die Analyse der Punktwolke im $\mathbf{R}^p$ dazu geführt, eine Translation des Koordinatenursprungs in den Schwerpunkt vorzunehmen und — im Falle der normierten Analyse — die Maßstäbe (Skalen) auf den verschiedenen Achsen zu ändern. Die Analyse des transformierten Tableaus mit dem allgemeinen Element $x_{ij} = (r_{ij} - \bar{r}_j)/s_j \sqrt{n}$ führt uns darauf, die Eigenvektoren $\boldsymbol{u}_\alpha$ der empirischen Korrelationsmatrix $\boldsymbol{C} = \boldsymbol{X}'\boldsymbol{X}$ aufzusuchen. Die Koordinaten der durch Punkte repräsentierten Individuen auf der α-Achse sind dann die die Zeilen von $\boldsymbol{X}\boldsymbol{u}_\alpha$ bildenden Skalarprodukte (offenbar gilt $\boldsymbol{X}\boldsymbol{u}_\alpha = \sqrt{\lambda_\alpha}\, \boldsymbol{v}_\alpha$ nach Formel (2)).

1.2.3. Analyse im $\mathbf{R}^n$

Die p Punkte der Wolke in diesem Raum sind jetzt die Variablen-Punkte. Die allgemeine Analyse des transformierten Tableaus $\boldsymbol{X}$ im $\mathbf{R}^p$ zieht eine Analyse im $\boldsymbol{R}^n$ nach sich, wie man sehen konnte. Allerdings spielen die Indizes in der Anfangstransformation nicht eine ähnliche Rolle und die dieser Transformation zugeordneten geometrischen Interpretationen werden radikal davon verschieden sein.

So ist die Transformation $x_{ij} = r_{ij} - \bar{r}_j$, die als eine Transformation des Koordinatenursprungs im $\mathbf{R}^p$ interpretiert worden war, jetzt im $\mathbf{R}^n$ eine Projektion parallel zur ersten Bisektrix.

Die Änderung des Maßstabs auf den Achsen, d. h. die Division jeder Koordinate von $\mathbf{R}^p$ durch $s_j \sqrt{n}$ wird hier zu einer Deformation der Punktwolke, die bewirkt,

[6] Die Anwendung eines manuellen Algorithmus, wie etwa der des Baumes minimaler Länge nach der Methode von Florek (s. 2.2.2) einer ist, könnte im Falle ebenfalls bescheidener Dimensionen vielleicht zur Analyse dieses Netzes ausreichen.

daß jeder Variablen-Punkt den Abstand $d(j, 0) = 1$ vom Koordinatenursprung hat. Offenbar gilt in diesem Raum für jeden Variablen-Punkt j und nach Definition der s_j:

$$d^2(j, 0) = \frac{1}{n} \sum_{i=1}^{n} (r_{ij} - \bar{r}_j)^2 / s_j^2 = 1 .$$

Die p Variablen-Punkte sind also auf einer Hypersphäre vom Radius 1 um den Koordinatenursprung herum zentriert. Den Abstand zwischen zwei Variablen-Punkten j und j' kann man wie folgt aufschreiben:

$$d^2(j, j') = \frac{1}{n} \sum_{i} \left(\frac{r_{ij} - \bar{r}_j}{s_j} - \frac{r_{ij'} - \bar{r}_{j'}}{s_{j'}} \right)^2 .$$

Nach Entwickeln des Quadrats und Aufsummieren über den Index i ist

$$d^2(j, j') = s_j^2/s_j^2 + s_{j'}^2/s_{j'}^2 - 2c_{jj'} = 2(1 - c_{jj'}) ,$$

wobei $c_{jj'}$ der Korrelationskoeffizient zwischen den Variablen j und j' ist. Somit kann man die Verwandtschaften zwischen den Variablen-Punkten in der Sprache der Korrelationen interpretieren: die Punkte sind sehr benachbart, wenn ihre Korrelation stark positiv ist ($c_{jj'} \simeq 1$) und sehr entfernt, wenn sie stark negativ ist ($c_{jj'} \simeq -1$).

Die Koordinaten der Variablen-Punkte auf der α-Achse sind die Komponenten des Vektors $X'\boldsymbol{v}_\alpha$. Nach der Formel sind dies auch die Komponenten von $\boldsymbol{u}_\alpha \sqrt{\lambda_\alpha}$, Größen, die bei der Diagonalisierung der Korrelationsmatrix $\boldsymbol{C}$ berechnet werden.

1.2.4. Ein numerisches Beispiel und Interpretationsregeln

Die Analyse der Daten aus Tab. 1 führt uns also dazu, die Korrelationsmatrix zu diagonalisieren, deren Block unter der Diagonalen in Tab. 2 gegeben wurde. Das erste numerisch interpretierbare Ergebnis wird durch die Liste der Eigenwerte und ihrer prozentualen Varianzanteile gebildet, die in Tab. 3 angegeben sind.

Die Summe der Eigenwerte beträgt $p = 7$, das ist die Spur der Korrelationsmatrix. Die ersten Prozentsätze sind hier ausnahmsweise erhöht, weil eine sehr reine Konzentration der Punktwolke in einem zweidimensionalen Unterraum (88% der Varianz) existiert, aber auch, weil die Ausmaße des Tableaus gering sind. Um zu erkennen, ob diese Prozentsätze signifikant erhöht sind, würde eine empirische Lösung darin bestehen, Pseudo-Zufalls-Tableaus der Ordnung (7×12) (s. 1.6.6.) zu simulieren und dann zu analysieren.[7]

[7] Auf einem fixierten Signifikanzniveau wird man die Hypothese testen, daß der erste Prozentsatz (62%) nicht größer ist als der mittlere, über einem zufälligen, simulierten Tableau erhaltene Prozentsatz. Im Falle der Ranganalyse kann man genäherte Tafeln zu Rate ziehen (s. 1.3).

Tab. 3

	Eigenwerte	Varianzprozentsätze	kumulierte Prozentsätze
1	4,339 1	61,99	61,99
2	1,829 7	26,14	88,13
3	0,629 6	8,99	97,12
4	0,129 3	1,85	98,97
5	0,053 2	0,76	99,73
6	0,018 3	0,26	99,99
7	0,000 8	0,01	100,00

Tab. 4

Variable	Faktor 1	Faktor 2	Faktor 3
	$u_1 \sqrt{\lambda_1}$	$u_2 \sqrt{\lambda_2}$	$u_3 \sqrt{\lambda_3}$
Brot	−0,497	0,841	−0,012
Gemüse	−0,972	0,131	−0,037
Früchte	−0,931	−0,277	0,112
Fleisch	−0,963	−0,190	0,161
Geflügel	−0,912	−0,265	0,280
Milch	−0,584	0,707	−0,357
Wein	0,425	0,649	0,620
Beobachtungen (oder Individuen)	cXu_1	cXu_2.	cXu_3
MA2	1,078*	−0,133	0,154
EM2	0,761	−0,711	−0,512
CA2	0,050	−0,287	0,565
MA3	0,820	0,124	−0,039
EM3	0,681	−0,067	−0,199
CA3	−0,669	−0,534	0,393
MA4	0,378	0,539	−0,109
EM4	0,107	0,248	0,108
CA4	−0,629	−0,686	0,037
MA5	−0,083	1,096	0,222
EM5	−0,777	0,448	−0,390
CA5	−1,718	−0,037	−0,230

* Die Koordinaten wurden mit einer Skalentransformation berechnet, die durch die Konstante c (s. Bemerkung 5) definiert ist.

Für die Berechnung der Koordinaten der Variablen und der Individuen auf den Faktorenachsen wird man sich hier auf die ersten drei Dimensionen beschränken. Die Ergebnisse sind in der Tab. 4 dargestellt.

Bemerkung 1. Die Koordinaten der Variablen-Punkte sind absolut kleiner als 1; offenbar liegen diese Punkte im Abstand 1 vom Koordinatenursprung im $\mathbf{R}^n$, und die Projektionsoperation ist „kontrahierend": sie kann die Abstände nur vermindern.

Bemerkung 2. Die Koordinaten sind eindeutig, bis auf das von der Achse abhängige Vorzeichen. Die Orientierung der Achsen ist beliebig und hängt vom verwendeten Diagonalisierungsalgorithmus ab.

Bemerkung 3. Es ist bekannt, daß die Analyse der Individuen-Wolke in bezug auf deren Schwerpunkt vorgenommen wird. Das ist nicht dasselbe für die Variablen-Punkte: wenn man einfach nur ihre Koordinaten auf der ersten Achse zu Rate zieht, so zeigt sich, daß sämtliche Produkte (mit Ausnahme des Weins) auf derselben Seite des Koordinatenursprungs liegen. Eine derartige Anordnung gibt die Tatsache wieder, daß der größte Teil der Variablen untereinander positiv korreliert ist. Nimmt eine Variable für ein Individuum einen kräftigen Wert an, so tritt dasselbe für alle anderen Variablen ein. Diese Charakteristik zahlreicher Tableaus erscheint meist auf der ersten Achse, man nennt sie *Umfangs-* (oder *Taillen-*) *Faktor*. Hier stellt der Umfangsfaktor die „großen Konsumenten" den „kleinen Konsumenten" gegenüber.

Bemerkung 4. Ein Punkt der Einheitssphäre im $\mathbf{R}^n$ stellt eine Variable dar (deren n Komponenten normalisiert sind). Das Skalarprodukt von Vektoren, die den Koordinatenursprung mit zwei Punkten dieser Sphäre verbinden, ist gerade der *Korrelationskoeffizient* der entsprechenden Variablen (das ist gleichzeitig der Kosinus des Winkels zwischen diesen beiden Vektoren). Also sind die Koordinaten der Variablen-Punkte auf der ersten Achse nichts anderes als die Korrelationskoeffizienten zwischen den verschiedenen Variablen und dem ersten Faktor, betrachtet als künstliche Variable (das ist eine Linearkombination der Ausgangsvariablen). So hat z. B. die Variable *Brot* einen Korrelationskoeffizienten von —0,497 mit der Variable „Faktor 1" (dessen 12 Werte unten in der ersten Spalte erscheinen) oder, was dasselbe meint, sie steht unter einem Winkel mit dem Kosinus —0,497 zur ersten Achse. Man könnte versuchen, jede Achse als Funktion der Koordinaten von Variablen zu interpretieren, die am stärksten mit dem entsprechenden Faktor korreliert sind.

Bemerkung 5. Wenn auch die Koordinatenskala der Variablen-Punkte eine Interpretation in der Terminologie der Korrelationen zuläßt, so ist das durchaus nicht genauso für die Individuen-Punkte. Man bringt an ihren Koordinaten $X\boldsymbol{u}_\alpha$ einen Koeffizienten an, dessen Wert $c = \sqrt{n/p}$ dazu bestimmt ist, eine Positionierung der Ebene zu sichern, die mit der Verteilung der Variablen-Punkte vergleichbar ist und so eine simultane Darstellung der beiden Punktwolken gestattet.

Abb. 3 gibt eine graphische Darstellung der Variablen-Punkte in der ersten Faktorebene (Achsen 1 und 2). Die Mehrzahl der Punkte ist dem Schnittkreis der Sphäre von $\mathbf{R}^{12}$ mit der Faktorenebene sehr nahe gelegen. Die entsprechende Darstellung für die Individuen wird durch Abb. 4 gegeben.

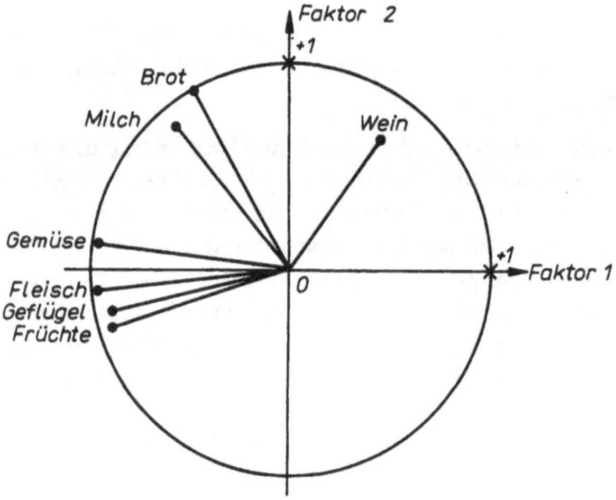

Abb. 3

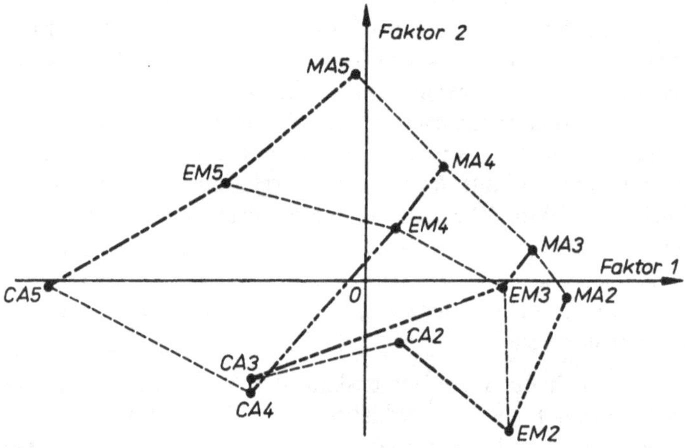

Abb. 4

In dieser Abbildung wurden einerseits die den Haushalten gleicher Kinderanzahl (2, 3, 4 oder 5 und mehr) entsprechenden Punkte und andererseits die den Individuen mit derselben Tätigkeit (Handarbeiter, andere Angestellte, leitende Kader) entsprechenden Punkte miteinander verbunden. Das so gebildete (und von Seiten der leitenden Kader verformte) Gitter zeigt, daß der in Abb. 3 aufgetretene Umfangsfaktor einerseits mit dem Umfang der Haushalte und andererseits mit dem berufs-soziologischen Status zusammenhängt: die globalen Ausgaben erhöhen sich mit der Kinderzahl und mit dem sozialen Status.

Überlagert man Abb. 3 und 4, so wird, auch bei vorsichtiger Interpretation, deutlich sichtbar, welche Variablen für die Verwandtschaften verantwortlich sind. Man sieht z. B., daß der Betrag an Ausgaben für *Brot*, *Milch* und besonders *Wein* die manuell und nicht manuell arbeitenden Angestellten einander „näher bringt" und von den leitenden Kadern „entfernt".

1.2.5. Zusatzvariable und zusätzliche Individuen

Es kommt vor, daß man die Werte von p analysierten Variablen für gewisse neue Individuen kennt, beispielsweise für eine Gruppe von Vergleichsindividuen außerhalb der Stichprobe: es ist dann interessant, diese Marken in der Wolke der analysierten Individuen zu plazieren. Allerdings sind in den Anwendungen sehr oft nicht die Individuen selbst von Interesse, sondern gewisse anderswoher bekannte Charakteristiken davon. Man wird dann versuchen, die Schwerpunkte der Klassen von Individuen, die zur selben Kategorie gehören, als zusätzliche „Individuen" darzustellen. Schließlich können in der ursprünglichen Stichprobe beobachtete neue Variable zur Verfügung stehen, die man vorher freiwillig von der Analyse ausgeschlossen hatte, um einen homogenen Block von Charakteristiken zu behalten. Man wird die Interpretation der Faktoren bereichern, wenn man diese „illustrativen" Variablen in der Wolke der „aktiven" Variablen plaziert.

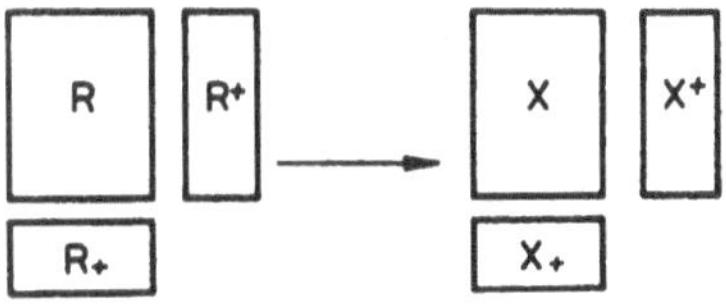

Abb. 5

Bei der Berechnung der Koordinate auf den Faktorenachsen betrifft das durch diese Zusatzpunkte gestellte Problem neue Zeilen-Punkte (Tableau $\boldsymbol{R}_+$ in Abb. 5) und neue Spalten-Punkte (Tableau $\boldsymbol{R}^+$), die das Datentableau $\boldsymbol{R}$ umsäumen.

Zusätzliche Variablen Punkte

Durch die Zentrierungs- und Reduktionsoperation

$$x_{ij}^{+} = (r_{ij}^{+} - \bar{r}_j^{+})/s_j^{+} \sqrt{n},$$

die sie auf die Einheitssphäre im $\mathbf{R}^n$ (Tableau X^+) überträgt, werden die neuen Variablen von Tableau $\boldsymbol{R}^+$ mit den analysierten Variablen vergleichbar gemacht. Die Koordinaten der entsprechenden Punkte auf der α-Achse wird man durch Projektion erhalten, d. h. durch skalare Multiplikation mit dem dieser Achse zugeordneten Einheitsvektor $\boldsymbol{v}_\alpha$. Die Abszissen der neuen Variablen auf der α-Achse sind somit die Komponenten des Vektors

$$(X^+)'\boldsymbol{v}_\alpha .$$

Zusätzliche Zeilen-Punkte

Damit es sich um neue Individuen oder um fiktive Individuen handeln kann, die als Schwerpunkt aktiver Individuen konstruiert wurden, müssen die neuen Zeilen $\boldsymbol{R}^+$ des Tableaus mit den Zeilen des analysierten Tableaus vergleichbar sein. Aus diesem Grunde wird man sie in den Schwerpunkt der ursprünglichen Punktwolke zurückbringen, und man wird die Werte durch die Streuungs-Typen der berechneten Variablen auf die aktiven Individuen reduzieren. So wird man das Tableau X_+ wie folgt konstruieren:

$$x_{+ij} = (r_{+ij} - \bar{r}_j)/s_j \sqrt{n} .$$

Die Menge der Abszissen der neuen Individuen-Punkte auf der α-Achse ist durch Projektion der Vektor der Skalarprodukte mit der Einheitsachse $\boldsymbol{u}_\alpha$ im $\mathbf{R}^p$:

$$X_+\boldsymbol{u}_\alpha .$$

1.2.6. Anwendungsbeispiel

Es handelt sich um eine normierte Hauptkomponentenanalyse, die auf gewisse sozio-ökonomische Daten angewendet wurde, nämlich auf Familienbudgets [8].

Das Ausgangstableau $\boldsymbol{R}$ der Daten betrifft $n = 841$ Haushalte und deren jährliche Ausgaben für $p = 35$ Güter, die nicht der Ernährung dienen (s. die Liste in Tab. 5).

Abb. 6 gibt die Projektion der 35 Ausgabennummern zugleich mit den Schwer-

[8] Diese Analyse wurde für individuelle Daten ausgeführt, die sich aus einer von der CREDOC veranstalteten Umfrage über Familienbudgets ergaben (N. Tabard et al. 1967).

Tab. 5

Liste der 35 Ausgabenposten*	Einkommensklassen (monatliches Einkommen in F)
1 Kleider, Anzüge	R1 weniger als 800
6 Pflege, Unterhaltung	R2 von 800 bis 999
7 Schuhe	R3 von 1000 bis 1099
14 Mobiliar in bar	R4 von 1100 bis 1199
17 Möbel auf Kredit	R5 von 1200 bis 1299
20 Haushaltseinrichtung, bar	R6 von 1300 bis 1399
21 Haushaltseinrichtung auf Kredit	R7 von 1400 bis 1499
24 Arzt, Apotheke	R8 von 1500 bis 1599
25 Zahnarzt	R9 von 1600 bis 1699
26 regelmäßige öffentliche Verkehrsmittel	R10 von 1700 bis 1799
27 Freizeitverkehr	R11 von 1800 bis 1899
28 öffentliche Verkehrsmittel	R12 von 1900 bis 1999
31 Kraftfahrzeugversicherung	R13 von 2000 bis 2099
32 Brennstoffe	R14 von 2100 bis 2199
35 außerschulische Schreibwaren	R15 von 2200 bis 2299
37 Radio, Plattenspieler, Tonbandgeräte	R16 von 2300 bis 2499
39 Fernsehen, bar	R17 von 2500 bis 2699
40 Fernsehen, auf Kredit	R18 von 2700 bis 2899
41 Konzerte, Museen	R19 von 2900 bis 3199
42 Schallplatten, Filme	R20 3200 und mehr
43 Kino	
44 Spielzeug	
45 Bücher	
46 Zeitschriften	
47 Sportgeräte, bar	
49 Schwimmbad	
50 Sportveranstaltungen	
51 Ferienlager und -heime	
52 Urlaub	
54 Festlichkeiten	
55 Geschenke	
56 Studium, Weiterbildung	
57 Auslagen für Bildung	
61 Taschengeld (Kinder)	
62 Taschengeld (Vater)	

* Die Zahlen für Ausgabenposten sind diejenigen aus der 100 Posten umfassenden Nomenklatur der Umfrage durch die UNCAF, 1963 (N. Tabard, 1967)

punkten der in 20 Einkommensklassen eingruppierten Haushalte in die Ebene der ersten beiden Faktorenachsen wieder. Es sind zu viele Haushalte, um sie in einer lesbaren Grafik aufführen zu können. Daher hat man sich dafür entschieden, Haushalte-Punkte, die einer Einkommensklasse zugeordnet sind, durch ihren Schwerpunkt zu ersetzen (im $\mathbf{R}^{35}$), der dazu als zusätzliches Individuum in den Raum der ersten Faktoren projiziert wurde.

Die durch die Faktoren erklärten Prozentsätze der Varianzen sind 20,53% für die erste und 5,44% für die zweite Achse.

Wir wollen kurz eine Leseanleitung für die Abb. 6 geben.

a) Eine mehr oder weniger große Nachbarschaft zwischen zwei Ausgaben-Punkten gibt die mehr oder weniger große Korrelation zwischen entsprechenden Variablen wieder, und das trifft umsomehr zu, als die Variablen-Punkte vom Koordinatenursprung weiter entfernt sind. Man erinnert sich gleichzeitig daran, daß die Abszisse eines Variablen-Punkts auf einer Faktorenachse der Korrelationskoeffizient zwischen diesen Variablen und dem entsprechenden Faktor ist (betrachtet als spezielle Linearkombination der Ausgangsvariablen).

b) Die Nachbarschaft zwischen zwei Haushalte-Punkten gibt die Ähnlichkeit ihres Verhaltens bezüglich der 35 analysierten Variablen wieder.

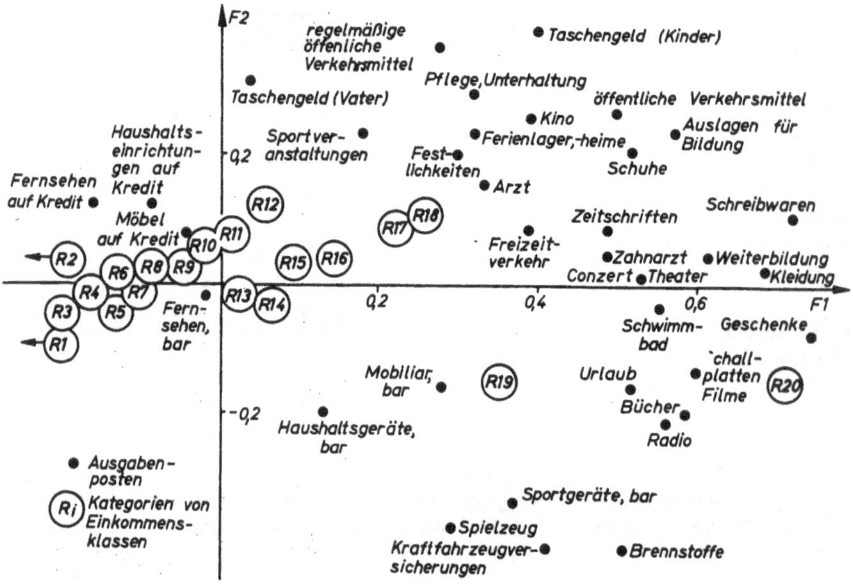

Abb. 6. Hauptkomponentenanalyse (841 Haushalte, 35 Ausgabenposten)

c) Schließlich bedeutet eine Nachbarschaft zwischen einem Variablen-Punkt und einem Haushalte-Punkt, daß diese Variable für diesen Haushalt *im Mittel* einen erhöhten Wert hat. (*Im Mittel*, denn die Lage eines Haushalte-Punkts hängt nicht von einem, sondern von einer Menge von Ausgaben-Posten ab, und man erkennt, daß es hier Anziehungs-, Abstoßungs-, Kompromiß- usw. Phänomene geben muß.)

Die den Faktoren zugeordneten Varianz-Prozentsätze sind 20,5 % für die erste Achse und 5,5 % für die zweite. Die stark vorherrschende erste Faktorenachse wird aus ihren Korrelationen mit verschiedenen Ausgaben-Posten heraus leicht zu interpretieren sein, genauso wie auch in bezug auf die Lage der zu Kategorien von Einkommensklassen eingruppierten Haushalte.

Die Abszisse eines Haushalts auf der ersten Faktorenachse erscheint als ein Maß für seine Position in dem, was man *soziale Stufe* nennen wird. Die Abszisse für den Haushalt i, der r_{ij} für das Produkt j ausgibt, ist die Linearkombination

$$\sum_j \left(\frac{r_{ij} - \bar{r}_j}{s_j \sqrt{n}} \right) u_{ij} \,.$$

Das ist im ökonomischen Sinne des Wortes durchaus ein Index, dessen Interpretation dem Soziologen überlassen werden sollte. Durch seine Konstruktion sichert dieser Index eine maximale Streuung über der Menge der Individuen; dies gibt ihm den Charakter eines diskriminierenden Index unter den Haushalten. Die Positionen der die Einkommensklassen repräsentierenden Punkte sind in dieser Hinsicht sprechend. Ein solcher, fast zur Gesamtheit der Variablen positiv korrelierter Faktor ist, wie wir gesehen haben, ein *Umfangsfaktor*.

Der zweite, aus dem Blickwinkel der Teilnahme jeder Variablen ausgeglichenere Faktor ist ein *Formfaktor*, der die Interpretation des ersten nuanziert. Sind die verschiedenen Faktoren nicht gegenseitig korreliert, so kann man erwägen, ob nicht der zweite Faktor auf einer konstanten „sozialen Position“ gewisse Ausgabenstrukturen entgegensetzt. In der Gesamtmenge stehen Ausgabenposten, die äußere soziale Kontakte einschließen (Sportveranstaltungen, Ferienlager, Festlichkeiten, Kino, öffentliche Verkehrsmittel, Taschengeld) Ausgabenposten gegenüber, die mehr oder weniger ausschließlich zum Haushalt gehören (Haushaltsausrüstungen, Versicherungen, Radio, Schallplatten, Spielzeug). Gleichzeitig kann man feststellen, daß der zweite Faktor die Ausgaben für dauerhafte Güter den nichtdauerhaften Gütern und den Dienstleistungen gegenüberstellt.

Eine vollständige Interpretation erfordert allerdings, noch andere Faktoren in Rechnung zu stellen und die Schwerpunkte anderer Klassen von Haushalten auftreten zu lassen (berufssoziologische Kategorien, Bildungsniveau, Umfang des Haushalts usw. . . .). Das Beispiel möchte nur den ersten Schritt des Vorgehens veranschaulichen.

1.3. Ranganalyse

Es kommt vor, daß man veranlaßt wird, bei der Hauptkomponentenanalyse anstelle der klassischen Korrelationskoeffizienten die Spearmanschen einzusetzen,
- sei es, weil die Ausgangsdaten Klassifizierungen und keine Zahlenwerte sind;
- sei es, weil die Meßskalen für die verschiedenen Variablen für sich selbst nicht viel Sinn haben außer gerade den, daß sie eine Klassifikation von Beobachtungen zulassen:
- sei es, weil man annimmt, daß die Rang-Korrelation das einzige Maß eines „inneren" Zusammenhanges ist, d. h. unabhängig von den diversen möglichen Koordinatenursprungs- oder Skalenänderungen.

Man berechnet dann die Rang-Korrelationen nach SPEARMAN, indem man für das Tableau $\boldsymbol{R}$ der Ausgangsdaten das Tableau $\boldsymbol{X}$ einsetzt, in dem x_{ij} der Rang der i-ten Beobachtung ist, wenn die n Beobachtungen der j-ten Variablen der Größe nach eingeordnet sind.

Man weiß, daß die Verteilung des Koeffizienten von SPEARMAN unter Voraussetzung der Unabhängigkeit nur von der Anzahl n der Beobachtungen abhängt. Genauso hängt die Verteilung der Eigenwerte der Matrix der Rang-Korrelationen nur von den Parametern n und p ab, wobei p die Variablenanzahl ist.

1.3.1. Die angenäherte Tabellierung der Varianzprozentsätze

Man kann zu einer angenäherten Tabellierung durch *Simulation* kommen; man gelangt hier zur Idee eines ‚Signifikanzgrades' der verschiedenen Varianzprozentsätze unter der Hypothese, daß die p Variablen unabhängig voneinander sind und stetige Verteilungen besitzen (bei sonst beliebiger Form dieser Verteilungen).

Dies erlaubt hingegegen nicht, das Problem der in der Analyse zu unterdrückenden signifikanten Faktoren ganz zu lösen, denn die Eigenwerte sind nicht unabhängig. Darüberhinaus ist die Hypothese totaler Unabhängigkeit im Datentableau außerordentlich stark und im Falle zahlreicher Variablen oft a priori unrealistisch. Allerdings werden sich diese Ergebnisse zur Indikation für uns als brauchbar erweisen.

Tab. 7 liefert die Mittelwerte und die Standardabweichungen der für jeden der fünf ersten Eigenwerte erklärten Varianzprozentsätze in Abhängigkeit von den Variablen und der Anzahl der Beobachtungen. Die den dazwischen liegenden Dimensionen entsprechenden Werte werden durch Interpolation gewonnen. In diesen Tabellen entspricht jedes Paar (n, p) 70 simulierten Analysen auf Grund von Pseudopermutationen der Ränge.

Zuerst geben wir ein Beispiel für vollständige Ergebnisse (für die die Tabellen Auszüge bringen) für die Dimensionen $n = 60$ und $p = 10$. Man wird die Verwandtschaft von Mittelwerten und Medianen bemerken; die Verteilungen sind symmetrisch, und das gebräuchliche Intervall $\{\pm 2\sigma\}$ wird im allgemeinen eine gute Annäherung des Konfidenzintervalls zum Niveau 0,95 ergeben.

Für ein Tableau von 10 Variablen und 60 Beobachtungen und nach 70 Simulationen sind die die ersten fünf Eigenwerte betreffenden numerischen Ergebnisse in Tab. 6 zusammengetragen. Die Abb. 7 und 8 zeigen, wie sich diese Prozentsätze entwickeln, wenn man eine einzige Dimension des Tableaus variieren läßt, sei es nun die Variablenanzahl (Abb. 7), sei es die Anzahl der Beobachtungen (Abb. 8).

Tab. 6

Eigenwert	Mittelwert	Standard-abweichung	Minimum	Median	Maximum
λ_1	16,766	1,268	14,304	16,763	20,826
λ_2	14,639	0,832	13,122	14,672	17,005
λ_3	13,007	0,769	11,325	12,851	14,823
λ_4	11,509	0,523	10,196	11,496	12,593
λ_5	10,215	0,594	8,648	10,181	11,548

1.3.2. Anwendungsbeispiel

Man findet hier die verschiedenen Klassifizierungen für die Departements in Frankreich in bezug auf acht Posten in der medizinischen Versorgung wieder. Die untersuchten Variablen stellen die Art der Versorgung, bezogen auf die Anzahl der von der allgemeinen Sozialversicherung versorgten Personen dar und betreffen Labor-Untersuchungen, röntgenologische Behandlungen und Spezialbehandlungen. Für diese drei Rubriken unterscheidet man die ambulant und die stationär verabfolgten Behandlungen, die Konsultationen und die Arztbesuche. Diese Informationen betreffen das Jahr 1964.

Das Tableau der Anfangsdaten wird also in eine Rang-Tableau umgewandelt. Seine Analyse führt auf die in Abb. 9 gegebene Darstellung, die die Lagen der Variablen-Punkte und der Beobachtungen-Punkte in der Ebene der ersten beiden Faktoren wiedergibt.

Die Ergebnisse lassen sich auch leicht im Rahmen der Hauptkomponentenanalyse interpretieren. Sämtliche Variablen liegen auf der rechten Seite der graphischen Darstellung. Das drückt die Tatsache aus, daß es für gewisse Versorgungsleistungen keine invertierte Klassifizierung gibt. Somit liegen die auf der linken Seite der Darstellung befindlichen Departements am Ende der simultanen Klassifizierung für alle Variablen. Im Gegenteil, es gibt einen Gegensatz zwischen oberem und unterem Teil der Darstellung, die eine Divergenz zwischen den Klassifizierungen für die ambulante Versorgung und denen für die stationäre Versorgung ausdrücken. Unten in der Darstellung befinden sich diejenigen Departements, die einen guten Rang in der stationären Versorgung haben.

Ohne auf dieser Interpretation dieser Ergebnisse bestehen zu wollen, sehen wir,

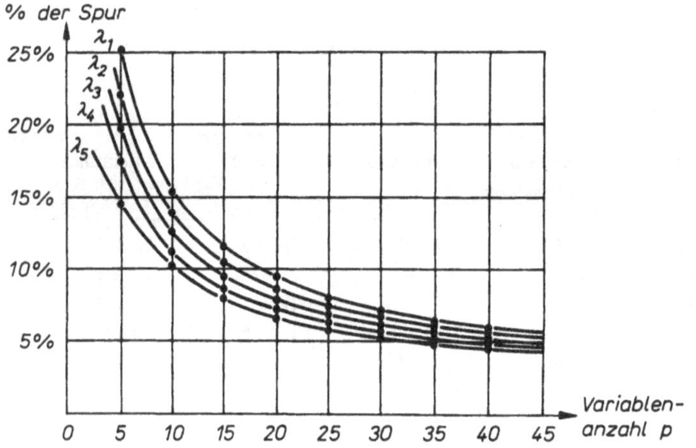

Abb. 7. Für 100 Beobachtungen, Entwicklung in Abhängigkeit von der Variablenanzahl

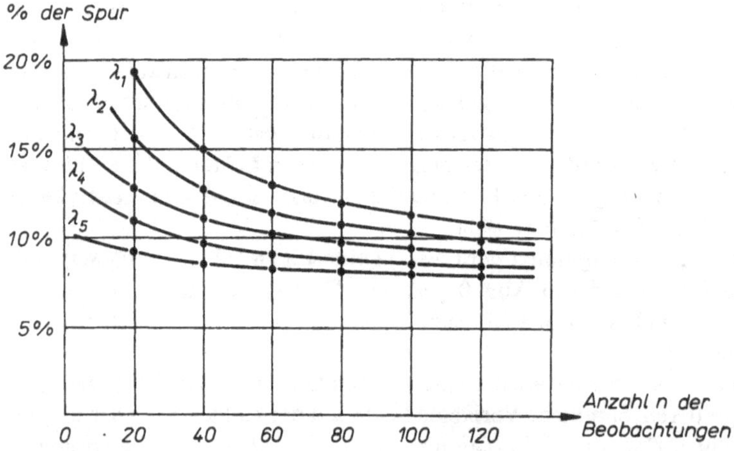

Für 15 Variablen Entwicklung in Abhängigkeit von der Anzahl der Beobachtungen

Abb. 8. Mittelwerte der Varianzprozentsätze gegenüber den 5 ersten Eigenwerten

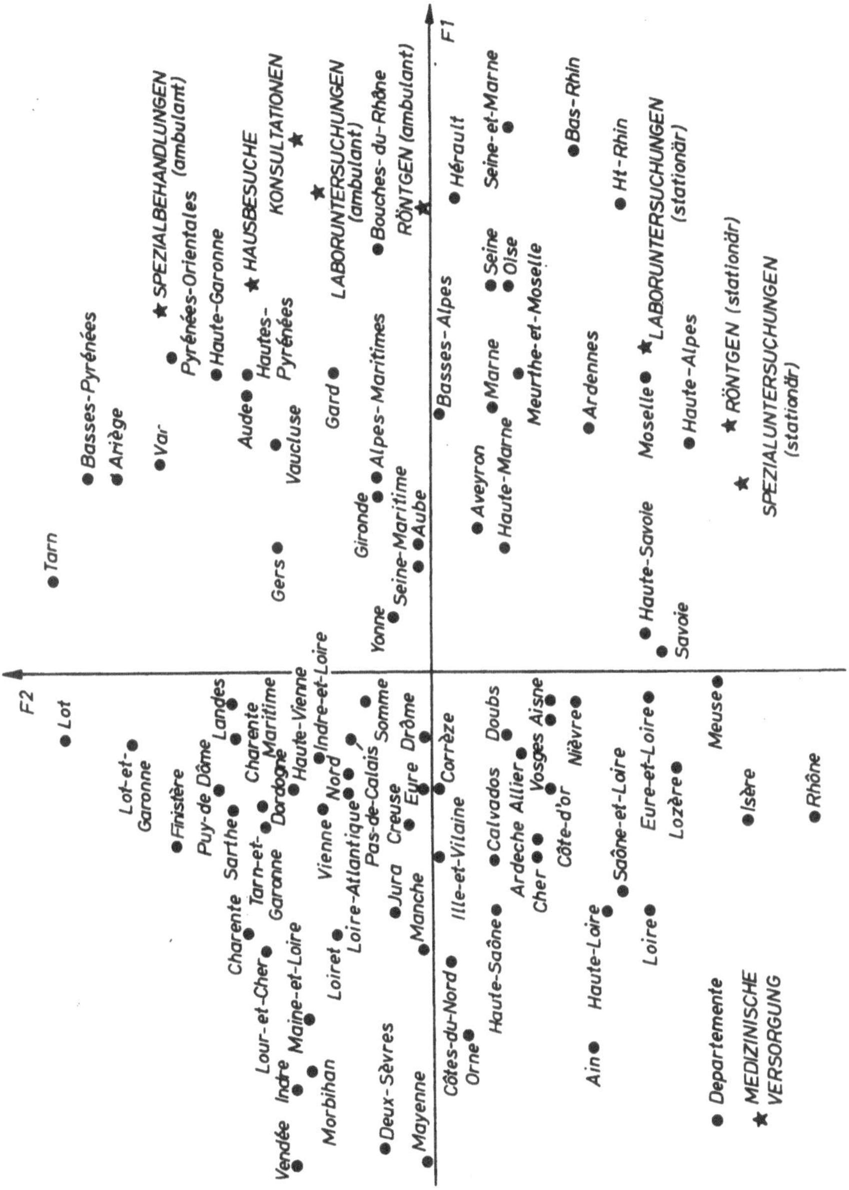

Abb. 9. Analyse der Departemente-Klassifizierung für 8 Variablen in der medizinischen Versorgung (Ranganalyse)

daß man von einer Gültigkeit dieser Darstellung sprechen kann. Die ersten beiden Faktoren der Analyse stellen 44% bzw. 25% der Spur, d. h. der Gesamtvarianz dar; der dritte Faktor beträgt nur 10% der Varianz.

Auch ohne daß es notwendig wäre, zur numerischen Interpolation überzugehen, um die Dimensionen (8 × 90) zu interpretieren, sieht man unmittelbar, daß die ersten beiden Faktoren einen „unnormal" starken Streuungsanteil zu Tage fördern. Es ist indessen nicht möglich, definitiv daraus zu schließen, daß der dritte Faktor nicht „signifikant" wäre, weil die *bedingte* Verteilung für den entsprechenden Prozentsatz nicht bekannt ist.

Tab. 7. Tabelle der Mittelwerte und Standardabweichungen für die Prozente der Unempfindlichkeit gegenüber dem ersten Eigenwert

p	n	20	40	60	80	100	120
5	μ	33,67	29,60	27,59	26,49	25,70	25,11
	σ	3,70	2,92	2,20	1,82	1,73	1,40
10	μ	23,45	18,62	16,76	16,03	15,22	14,79
	σ	2,50	1,25	1,27	0,98	0,80	0,73
15	μ	19,43	14,97	13,11	12,13	11,51	10,98
	σ	1,87	1,02	0,87	0,71	0,66	0,55
20	μ		12,76	10,96	10,14	9,57	9,06
	σ		0,85	0,69	0,59	0,58	0,45
25	μ		11,24	9,62	8,78	8,26	7,81
	σ		0,79	0,63	0,43	0,41	0,37
30	μ		10,21	8,82	7,97	7,36	6,83
	σ		0,67	0,45	0,38	0,33	0,25
35	μ		9,62	8,16	7,23	6,69	6,28
	σ		0,60	0,50	0,40	0,31	0,25
40	μ			7,48	6,68	6,20	5,76
	σ			0,41	0,32	0,24	0,24
45	μ			7,08	6,28	5,79	5,41
	σ			0,30	0,27	0,21	0,23

p = Variablenanzahl; n = Anzahl der Beobachtungen

Tab. 7. Tabelle der Mittelwerte und Standardabweichungen für die Prozente der Unempfindlichkeit gegenüber dem ersten Eigenwert

p	n	20	40	60	80	100	120
5	μ	25,36	23,70	22,93	22,52	22,21	22,03
	σ	2,78	1,51	1,46	1,10	0,92	0,85
10	μ	18,19	15,62	14,64	13,95	13,64	13,34
	σ	1,46	1,09	0,83	0,70	0,49	0,51
15	μ	15,79	12,67	11,48	10,83	10,43	9,99
	σ	1,29	0,86	0,60	0,51	0,47	0,43
20	μ		11,06	9,66	9,10	8,64	8,18
	σ		0,65	0,49	0,40	0,32	0,33
25	μ		9,97	8,64	7,92	7,55	7,14
	σ		0,48	0,37	0,32	0,31	0,25
30	μ		9,04	7,92	7,16	6,65	6,31
	σ		0,38	0,35	0,31	0,28	0,17
35	μ		8,61	7,27	6,56	6,13	5,82
	σ		0,46	0,33	0,24	0,20	0,24
40	μ			6,77	6,15	5,71	5,35
	σ			0,34	0,21	0,22	0,19
45	μ			6,44	5,80	5,34	5,04
	σ			0,28	0,25	0,19	0,17

p = Variablenanzahl; n = Anzahl der Beobachtungen

1.4. Kovarianzanalyse und partielle Korrelationsanalyse

Jetzt wollen wir die existierenden Assoziationen zwischen Variablen und Individuen nicht nur nach der Elimination von Niveau- oder Skaleneffekten analysieren, sondern auch nachdem der mögliche Einfluß „exogener Variablen" in Rechnung gestellt wurde.

1.4.1. Definition des partiellen Korrelationskoeffizienten

Es wird vorausgesetzt, daß zwei Zufallsvariablen X_1 und X_2 von ein und derselben Zufallsvariablen Z abhängen. Für jede dieser Variablen verfügt man über eine Stichprobe. Man kann die Korrelationskoeffizienten $r(X_1, X_2)$ über zwei Stichproben vom Umfang n, die im $\mathbf{R}^n$ durch die Vektoren $\boldsymbol{x}_1$ und $\boldsymbol{x}_2$ dargestellt werden, direkt messen. Das interessiert uns aber nicht, denn wir wollen wirklich den zwischen X_1 und X_2 bestehenden Zusammenhang kennenlernen, indem wir die Wirkung der Variablen Z eliminieren.

Um ein von G. Darmois angegebenes Beispiel wiederzugeben, bezeichnen wir mit X_1 die größere Achse eines Eies, mit X_2 die kleinere und mit Z sein Gewicht. Über eine Stichprobe von 100 Eiern findet man einen stark positiven Koeffizienten $r(X_1, X_2)$, weil es große Eier gibt, für die X_1 und X_2 erhöhte Werte haben und kleine, für die die Werte gering sind. Ist aber, im Gegensatz dazu, das Gewicht Z fixiert, so wird der beobachtete Zusammenhang invers sein, weil bei vorgegebenen Gewicht die Eier mehr oder weniger rund sind.

Wie soll man diese Beziehung zwischen X_1 und X_2 „*mit Z konstant*" messen? Eine erste Methode besteht darin, die Beobachtungen in Klassen einzugruppieren, für die sich die Werte von Z nur wenig unterscheiden. Man berechnet dann einen Korrelationskoeffizienten zwischen X_1 und X_2 im Innern jeder Klasse und verschafft sich zum Beispiel ein gewogenes Mittel dieser Koeffizienten, um eine erste Übersicht über die Beziehung zu erhalten. Diese Methode ist ausgezeichnet, und es ist geraten, sie immer dann anzuwenden, wenn es der Umfang der Stichproben erlaubt, eine hinreichend effektive Klasseneinteilung vorzunehmen.

Eine andere Methode wird uns erlauben, die Beziehung zwischen X_1 und X_2 „*für Z konstant*" selbst dann einfach zu berechnen, wenn die Stichproben klein sind. Jenen Korrelationskoeffizienten zwischen X_1 und X_2 „*mit Z konstant*" wollen wir den *partiellen Korrelationskoeffizienten* zwischen X_1 und X_2 nennen und mit $r(X_1, X_2 \mid Z)$ bezeichnen.

Seine Berechnung beruht auf der Hypothese, daß sich die Wirkung von Z auf die Variablen X_1 und X_2 in Relationen vom Typ[9]

$$X_1 = \alpha_1 Z + \beta_1 + \varepsilon_1 ,$$
$$X_2 = \alpha_2 Z + \beta_2 + \varepsilon_2$$

ausdrücken läßt. Hat man einmal den Einfluß der Variablen Z beseitigt, so werden die Zufallsvariablen X_1 und X_2 zu $X_1 - \alpha_1 Z - \beta_1 = \varepsilon_1$ und $X_2 - \alpha_2 Z - \beta_2 = \varepsilon_2$.

[9] Wie für jedes lineare Modell können Variablen, zwischen denen eine lineare Beziehung besteht, transformierte Variablen sein, die von real beobachteten Variablen ausgehen; der lineare Charakter der Beziehung ist allerdings keine wesentliche Einschränkung.

Der theoretische *partielle Korrelationskoeffizient* $r(X_1, X_2 \mid Z)$ wird nach Definition der gewöhnlichen Korrelationskoeffizient zwischen ε_1 und ε_2:

$$r(X_1, X_2 \mid Z) = \frac{\operatorname{cov}(\varepsilon_1, \varepsilon_2)}{\sqrt{\operatorname{var}(\varepsilon_1)\operatorname{var}(\varepsilon_2)}}.$$

In analoger Weise definiert man eine partielle Kovarianzmatrix $V(X \mid Z)$ und eine partielle Korrelationsmatrix $C(X \mid Z)$ zwischen p Variablen $X_1, X_2, \ldots, X_p$, wenn die Variablen $Z_1, \ldots, Z_q$ als fixiert vorausgesetzt werden. Man erhält dann das folgende System:

$$\begin{aligned} X_1 &= \alpha_{11}Z_1 + \alpha_{12}Z_2 + \ldots + \alpha_{1q}Z_q + \beta_1 + \varepsilon_1 , \\ X_2 &= \alpha_{21}Z_1 + \alpha_{22}Z_2 + \ldots + \alpha_{2q}Z_q + \beta_2 + \varepsilon_2 , \\ &\ldots\ldots\ldots\ldots\ldots\ldots\ldots\ldots\ldots\ldots \\ X_p &= \alpha_{p1}Z_1 + \alpha_{p2}Z_2 + \ldots + \alpha_{pq}Z_q + \beta_p + \varepsilon_p . \end{aligned}$$

$V(X \mid Z)$ bzw. $C(X \mid Z)$ ist die theoretische Kovarianz- bzw. Korrelationsmatrix zwischen den residuellen Variablen $\varepsilon_1, \varepsilon_2, \ldots, \varepsilon_p$.

1.4.2. Berechnung der partiellen Kovarianzen und Korrelationen aus den Beobachtungen

Der Fall zweier Variablen

Für die n Beobachtungen der drei Variablen X_1, X_2, Z gelten die „Ausgleichsgleichungen“

$$\begin{aligned} \boldsymbol{x}_1 &= a_1\boldsymbol{z} + b_1\boldsymbol{u} + \boldsymbol{e}_1 , \\ \boldsymbol{x}_2 &= a_2\boldsymbol{z} + b_2\boldsymbol{u} + \boldsymbol{e}_2 . \end{aligned}$$

wobei a_1, b_1, a_2, b_2 die Kleinsten-Quadrat-Schätzungen von $\alpha_1, \beta_1, \alpha_2, \beta_2$ sind. Nachdem die Variablen zentriert[10] wurden, werden diese Relationen zu

$$\begin{aligned} \hat{\boldsymbol{x}}_1 &= a_1\hat{\boldsymbol{z}} + \boldsymbol{e}_1 , \\ \hat{\boldsymbol{x}}_2 &= a_2\hat{\boldsymbol{z}} + \boldsymbol{e}_2 . \end{aligned}$$

Da die Residuen immer zentral sind, lautet die empirische partielle Kovarianz

$$\operatorname{Cov}(\boldsymbol{x}_1, \boldsymbol{x}_2 \mid \boldsymbol{z}) = \frac{1}{n}\boldsymbol{e}_1'\boldsymbol{e}_2 = \frac{1}{n}(\hat{\boldsymbol{x}} - a_1\hat{\boldsymbol{z}})'(\hat{\boldsymbol{x}}_2 - a_2\hat{\boldsymbol{z}}) .$$

[10] D. h. die $\boldsymbol{x}_i$ werden durch $\hat{\boldsymbol{x}}_i = \boldsymbol{x}_i - \bar{\boldsymbol{x}}_i$ und $\boldsymbol{z}$ durch $\hat{\boldsymbol{z}} = \boldsymbol{z} - \bar{\boldsymbol{z}}$ ersetzt.

Man ersetzt die Koeffizienten durch ihren Wert $a_1 = \hat{x}_1'\hat{z}/\hat{z}'\hat{z}$ und $a_2 = \hat{x}_2'\hat{z}/\hat{z}'\hat{z}$ und erhält nach Vereinfachung

$$\operatorname{cov}(x_1, x_2 \mid z) = \frac{1}{n}\left\{\hat{x}_1'\hat{x}_2 - \frac{(\hat{x}_1'\hat{z})(\hat{x}_2'\hat{z})}{\hat{z}'\hat{z}}\right\},$$

einen Ausdruck, den man wie folgt schreiben kann:

$$\operatorname{Cov}(x_1, x_2 \mid z) = \operatorname{Cov}(x_1, x_2) - \frac{\operatorname{Cov}(x_1, z)\operatorname{Cov}(x_2, z)}{\operatorname{Var}(z)}.$$

Die residualen Varianzen werden in analoger Weise berechnet:

$$\operatorname{Var}(x_1 \mid z) = \frac{1}{n}e_1'e_2 = \operatorname{Var}(x_1) - \frac{\operatorname{Cov}^2(x_1, z)}{\operatorname{Var}(z)} =$$

$$= (1 - r^2(x_1, z))\operatorname{Var}(x_1).$$

Nimmt man die gewöhnlichen Korrelationskoeffizienten auf, so lautet der partielle Korrelationskoeffizient

$$r(x_1, x_2 \mid z) = \frac{r(x_1, x_2) - r(x_1, z)\, r(x_2, z)}{\sqrt{\{1 - r^2(x_1, z)\}\{1 - r^2(x_2, z)\}}}.$$

Der Fall von mehr als zwei Variablen

Wir verfügen jetzt über p Vektoren $X_1, X_2, \dots, X_p$, die p Stichproben vom Umfang n im $\mathbf{R}^n$ darstellen. Sie entsprechen Beobachtungen von p Variablen. Man kann die Kovarianz (oder Korrelation) zwischen diesen Variablen messen, wenn q andere Variable fixiert sind, die durch die Vektoren $z_1, z_2, \dots, z_q$ dargestellt werden. Mit X wollen wir die (n,p)-Matrix und mit Z die (n,q)-Matrix bezeichnen, die jeweils die verschiedenen Vektoren spaltenweise vereinigt.

Für die k-te Variable kann die Kleinste-Quadrat-Anpassung zwischen x_k und den exogenen Variablen $z_1, z_2, \dots, z_q$ wie folgt geschrieben werden:

$$\hat{x}_k = a_{k1}\hat{z}_1 + a_{k2}\hat{z}_2 + \dots + a_{kq}\hat{z}_q + e_k,$$

wobei e_k der konsequenterweise selbst zentrierte Abweichungsvektor ist. Nachdem wir ganz analog die p die $x_1, x_2, \dots, x_p$ betreffenden Anpassungen ausgeführt haben, vereinigen wir in der (q,p)-Matrix A die p Spaltenvektoren $(a_1, a_2, \dots, a_p)$ der Koeffizienten und in der (n,p)-Matrix E die p Abweichungsvektoren $(e_1, e_2, \dots, e_p)$. In synthetischer Schreibweise lautet das Ausgleichungssystem dann

$$\underset{(n,p)}{\hat{X}} = \underset{(n,q)}{\hat{Z}}\ \underset{(q,p)}{A} + \underset{(n,p)}{E}.$$

In dieser Matrix A wird die erste Spalte gemäß

$$a_1 = (\hat{Z}'\hat{Z})^{-1}\hat{Z}'\hat{x}_1$$

berechnet, die zweite gemäß $a_2 = (\hat{Z}'\hat{Z})^{-1}\hat{Z}'\hat{x}_2$ usw. Es ist deshalb möglich, A in einer Formel zu schreiben:

$$A = (\hat{Z}'\hat{Z})^{-1}\hat{Z}'\hat{X}\,.$$

Mit diesen Bezeichnungen wird die die empirischen partiellen Kovarianzen über den X „mit Z konstant" definierende (p,p)-Matrix wie folgt geschrieben (da ja die Abweichungen E spaltenweise zentriert sind):

$$V(X \mid Z) = \frac{1}{n}E'E = \frac{1}{n}(\hat{X} - \hat{Z}A)'(\hat{X} - \hat{Z}A)$$

$$= \frac{1}{n}\{\hat{X}'\hat{X} - A'\hat{Z}'\hat{X} - \hat{X}'\hat{Z}A + A'\hat{Z}'\hat{Z}A\}\,.$$

Nach Ersetzen von A durch den vorangegangenen Ausdruck und nach Vereinfachung folgt

$$V(X \mid Z) = \frac{1}{n}\{\hat{X}'\hat{X} - \hat{X}'\hat{Z}(\hat{Z}'\hat{Z})^{-1}\hat{Z}'\hat{X}\}\,. \tag{6}$$

Wir stellen uns vor, daß die zentrierten Tableaus $\hat{X}$ und $\hat{Z}$ in einem Tableau $\hat{T}$ mit n Zeilen und $p + q$ Spalten vereinigt sind:

$$\hat{T} = [\hat{X}, \hat{Z}]\,,$$

Dann kann die Kovarianzmatrix zwischen den Spalten von $\hat{T}$ in vier Teil-Kovarianzmatrizen folgender Form aufgeteilt werden:

$$V(\hat{T}) = \begin{bmatrix} V_{XX} & \vdots & V_{ZX} \\ \cdots & & \cdots \\ V_{XZ} & \vdots & V_{ZZ} \end{bmatrix}$$

mit

$$V_{XX} = \frac{1}{n}\hat{X}'\hat{X}\,; \qquad V_{ZZ} = \frac{1}{n}\hat{Z}'\hat{Z}\,; \qquad V_{ZX} = V_{XZ} = \frac{1}{n}\hat{Z}'\hat{X}\,.$$

Dann nimmt die Beziehung (6) die Form

$$V(X \mid Z) = V_{XX} - V_{ZX}V_{ZZ}^{-1}V_{XZ}$$

an, wobei sie als eine Verallgemeinerung der Beziehung (5) mit $q = 1$ erscheint.

Die *partielle Korrelationsmatrix* kann leicht auf der Basis der partiellen Kovarianzmatrix $V(X \mid Z)$ als gewöhnliche Korrelationsmatrix auf der Grundlage einer Kovarianzmatrix berechnet werden.

1.4.3. Analyse der Rest-Punktwolke

Sind die Variablen $z_1, z_2, \dots, z_q$ fixiert, so läßt sich die Analyse nach Ausschaltung des linearen Einflusses dieser Variablen z des Tableaus $\boldsymbol{X}$ auf die allgemeine Analyse des Abweichungstableaus $\boldsymbol{E}$ zurückführen (das ein spaltenweise zentriertes Tableau ist).

Somit werden die die Variablen im $\mathbf{R}^n$ darstellenden Punkte als Koordinaten (bis auf einen Faktor) auf der Faktorenachse α die Komponenten des α-ten Eigenvektors $\boldsymbol{u}_\alpha$ der partiellen Kovarianzmatrix

$$V(X \mid Z) = \frac{1}{n} E'E$$

haben. (Für eine *normierte* Analyse wird man die Matrix der *partiellen Korrelationen* verwenden.)

Verfolgt man die geometrische Interpretation der Kleinsten-Quadrat-Anpassung, so bemerkt man, daß

$$nV(X \mid Z) = \hat{X}'(I - \hat{Z}(\hat{Z}'\hat{Z})^{-1}\hat{Z}')\,\hat{X} = \hat{X}'Q\hat{X}$$

gilt, wobei Q eine symmetrische und idempotente (n,n)-Matrix ist.

Hier bewirkt Q die Projektion jedes Vektors des $\mathbf{R}^n$ auf den zum durch den von den $(\hat{z}_1, \hat{z}_2, \dots, \hat{z}_q)$ erzeugten Unterraum orthogonalen $(n - q - 1)$-dimensionalen Unterraum. Diese Projektion analysiert man, wenn man die Datentransformation $E = Q\hat{X}$ ausführt.

1.5. Zuordnungsanalyse

1.5.1. Allgemeines

Der Nutzer findet oft eine *Kontigenztafel* oder, wie man auch sagt, ein Abhängigkeitstableau bzw. eine Kreuzklassifikation vor, in der einem Paar (i, j) eine positive Zahl k_{ij} zugeordnet wird, die im allgemeinen eine Häufigkeit (in bezug auf Individuen) sein wird.

Wir wollen als Beispiel ein (10×8)-Tableau nehmen, das 10 berufssoziologische Kategorien mit 8 Urlaubsübernachtungsarten kreuzt. Im Schnitt der Zeile i mit der Spalte j der Tab. 8 findet man die Zahl k_{ij} von zur zugeordneten Klasse gehörenden Individuen.

Hier soll dieses Beispiel mit verringerten Dimensionen die Darstellung noch illustrieren, obwohl die Beschreibungsmethode für ausgedehntere Tableaus ganz besonders nützlich ist.

In dieser Tabelle spielen die die zwei Partitionen derselben Population repräsentierenden Zeilen und Spalten analoge Rollen. Damit die Abstände zwischen Zeilen-Punkten und Spalten-Punkten einen Sinn haben, wird es nützlich sein, „*Profile*" von Zeilen und Spalten mitwirken zu lassen, d. h. prozentuale Verteilungen innerhalb einer Zeile bzw. einer Spalte.

Offenbar wird der Abstand zwischen dem Punkt *Arbeiter* und dem Punkt *Dienstleistungspersonal*, der auf Grund der ungeschminkten Wirklichkeit aus

Tab. 8

Übernachtungsarten

Berufs-soziologische Kategorie	Hotel Familienpension	von den Einheimischen gemietetes Haus	Eigenheim	bei den Eltern	bei Freunden	Zelt, Wohnwagen	Feriendorf	Verschiedenes	Insgesamt
Landwirte	160	28	00	321	36	141	45	65	796
Landarbeiter	35	34	1	178	8	0	4	0	260
Industr. Unternehmer usw.	700	354	229	959	185	292	119	140	2978
höh. leitende Angest. freie Berufe	961	471	633	1580	305	360	162	148	4620
mittl. leitende Angest.	572	537	279	1689	206	748	155	112	4298
Angestellte	441	404	166	1079	178	434	178	92	2972
Arbeiter	783	1114	387	4052	497	1464	525	387	9209
Dienstleistgs. Angest.	65	43	21	294	79	57	18	6	583
andere Berufstätige	77	60	189	839	53	124	28	53	1423
Nichtberufstät.	741	332	327	1789	311	236	102	102	3940
Insges.	4535	3377	2232	12780	1858	3856	1336	1105	31079

Quelle: M. Goguel (1965)

Tab. 8 berechnet wurde, nur die tatsächlichen beträchtlichen Unterschiede zwischen diesen beiden Kategorien übertragen, obwohl es — berechnet über den Zeilen-Profilen von Tab. 9 — die Verhaltensunterschiede in den Urlaubsübernachtungsarten darstellt, indem die Prozentsätze jeder dieser Arten verglichen werden, ohne den Gesamtwirkungen der beiden Kategorien Rechnung zu tragen. In gleicher Weise wird man zum Vergleich zweier Übernachtungsarten die berufssoziologischen Profile aus Tab. 10 zu Rate ziehen.

Die Koordinaten in den beiden Räumen werden in den Tabellen 9 und 10 definiert (davon abgesehen, daß Proportionen und nicht Prozentsätze verwendet

Tab. 9

Berufssoziologische Kategorie	Übernachtungsarten: Hotel Familienpension	von den Einheimischen gemietetes Haus	Eigenheim	bei den Eltern	bei Freunden	Zelt, Wohnwagen	Feriendorf	Verschiedenes	Insgesamt
Landwirte	20,1	3,5	0,0	40,4	4,5	17,7	5,7	8,1	100,00
Landarbeiter	13,4	13,1	0,4	68,5	3,1	0,0	1,5	0,0	100,00
Industr. Unternehmer usw.	23,5	11,9	7,7	32,2	6,2	9,8	4,0	4,7	100,00
höh. leitende Angest. freie Berufe	20,8	10,2	13,7	34,2	6,6	7,8	3,5	3,2	100,00
mittl. leitende Angest.	13,3	12,5	6,5	39,3	4,8	17,4	3,6	2,6	100,00
Angestellte	14,8	13,6	5,6	36,3	6,0	14,6	6,0	3,1	100,00
Arbeiter	8,5	12,1	4,2	44,0	5,4	15,9	5,7	4,2	100,00
Dienstleistgs. Angest.	11,1	7,4	3,6	50,4	13,6	9,8	3,1	1,0	100,00
andere Berufstätige	5,4	4,2	13,3	59,0	3,7	8,7	2,0	3,7	100,00
Nichtberufstät.	18,8	8,4	8,3	45,4	7,9	6,0	2,6	2,6	100,00
Insges.	14,6	10,9	7,2	41,0	6,0	12,4	4,3	3,6	100,00

werden, d. h., daß die Gesamtsumme der Zeilen in Tab. 9 und der Spalten in Tab. 10 gleich 1 anstelle von 100 genommen werden).

Wir wollen die folgenden Bezeichnungen verwenden:

$k = \sum_i \sum_j k_{ij}$ Gesamtsumme im Tableau,

$f_{ij} = k_{ij}/k$ relative Häufigkeiten,

$\left.\begin{array}{l} f_{i.} = \sum_j f_{ij} \\ f_{.j} = \sum_i f_{ij} \end{array}\right\}$ relative Randhäufigkeiten.

Tab. 10

Übernachtungsarten

Berufs-soziologische Kategorie	Hotel Familienpension	von den Einheimischen gemietetes Haus	Eigenheim	bei den Eltern	bei Freunden	Zelt, Wohnwagen	Feriendorf	Verschiedenes	Insgesamt
Landwirte	3,5	0,8	0,0	2,5	1,9	3,6	3,4	5,9	2,6
Landarbeiter	0,8	1,0	0,0	1,4	0,4	0,0	0,3	0,0	0,8
Industr. Unternehmer usw.	15,5	10,5	10,3	7,5	10,0	7,6	8,9	12,7	9,6
höh. leitende Angest. freie Berufe	21,2	13,9	28,4	12,4	16,4	9,3	12,2	13,4	14,9
mittl. leitende Angest.	12,6	15,9	12,6	13,2	11,1	19,4	11,6	10,1	13,8
Angestellte	9,7	12,0	7,4	8,4	9,6	11,3	13,3	8,3	9,6
Arbeiter	17,3	33,0	17,3	31,7	26,8	38,0	39,3	35,0	29,5
Dienstleistgs. Angest.	1,4	1,3	0,9	2,3	4,2	1,5	1,3	0,5	1,9
andere Berufstätige	1,7	1,8	8,5	6,6	2,9	3,2	2,1	4,8	4,6
Nichtberufstät.	16,3	9,8	14,6	14,0	16,7	6,1	7,6	9,3	12,7
Insges.	100,0	100,0	100,0	100,0	100,0	100,0	100,0	100,0	100,0

Die Größen, die in Tabelle 9 auftreten, sind die bedingten Häufigkeiten in Prozentsätzen $100 \times f_{ij}/f_{i.}$, während Tabelle 10 die Größen $100 \times f_{ij}/f_{.j}$ enthält.

Die Zuordnungsanalyse gestattet die Beschreibung der zwischen den Zeilen-Profilen und den Spalten-Profilen bestehenden Nachbarschaften, wobei sie die Unterschiede in den Wirkungen zwischen diesen Zeilen und Spalten mit in Rechnung stellt.

1.5.2. Punktwolken, Massen und Abstände

Wie im Falle der Hauptkomponenten werden wir uns in einen Raum mit so vielen Dimensionen begeben, wie es Elemente in einer Zeile oder in einer Spalte des zu analysierenden Tableaus gibt. Um die Grundideen zu fixieren, werden wir die Spalten wählen (bei unserem Beispiel wird man sich also in einem 8-dimensionalen Raum befinden, in dem folglich 10 Punkte liegen). Später werden wir sehen, daß ein Interesse besteht, als Start-Dimension diejenige zu wählen, die der kleinsten Seite des rechteckigen Tableaus entspricht.

Obgleich hier nicht der Ort ist, zwischen Variablen und Beobachtungen zu unterscheiden, werden wir die vorher angenommenen Bezeichnungen beibehalten: der erste Index (oft i genannt) soll von 1 bis n laufen und der zweite (meist mit j bezeichnet) von 1 bis p. Für das von uns gewählte Beispiel sind $n = 10$ und $p = 8$.

Konstruktion von Punktwolken

a) Im Raum $\mathbf{R}^p$ wollen wir eine Wolke von n Punkten konstruieren, von denen jeder als *Koordinaten* die Größen

$$\{(f_{ij}/f_{i.});\ j = 1, 2, \ldots, p\}$$

hat und mit der *Masse* $f_{i.}$ versehen ist.

Diese n Punkte liegen in einem $(p - 1)$-dimensionalen Unterraum, da ihre p Koordinaten die Beziehung

$$\sum_j (f_{ij}/f_{i.}) = 1 \qquad \text{für alle } i = 1, \ldots, n$$

erfüllen.[11]

Man kann also die Nachbarschaften zwischen Punkten als Nachbarschaften zwischen Profilen interpretieren.

[11] Anmerkung d. Hrsg.: Trägt man die p Koordinaten als Ordinaten über die Werte i der Abzisse auf und verbindet die so erhaltenen Punkte durch einen Polygonzug, dann nennt man diesen auch ein Profil.

b) Genauso wollen wir im Raum $\mathbf{R}^n$ eine Wolke von p Punkten konstruieren, von denen jeder als *Koordinaten* die Größen

$$\{(f_{ij})/f_{.j}); \ i = 1, 2, \dots, n\}$$

hat und mit der *Masse* $f_{.j}$ versehen ist.

Diese p Punkte liegen analog in einem $(n - 1)$-dimensionalen Unterraum, der der Ort der Punkte ist, deren Koordinatensumme gleich 1 ist. Man hat offenbar $\sum_i (f_{ij}/f_{.j}) = 1$ für alle $j = 1, \dots, p$.

Wahl der Abstände

Die Tatsache, daß man mit den Profilen in den beiden Räumen $\mathbf{R}^p$ und $\mathbf{R}^n$ arbeiten kann, regt uns an, diese Räume mit einem von dem gewöhnlichen euklidischen verschiedenen Abstand auszustatten, und zwar soll der Abstand zwischen zwei Kategorien i und i' (genannt χ^2-Abstand) durch die Formel

$$d^2(i, i') = \sum_{j=1}^{p} \frac{1}{f_{.j}} (f_{ij}/f_{i.} - f_{i'j}/f_{i'.})^2 \tag{7}$$

gegeben sein.

In derselben Weise wird der Abstand zwischen zwei Übernachtungsarten j und j' durch

$$d^2(j, j') = \sum_{i=1}^{n} \frac{1}{f_{i.}} (f_{ij}/f_{.j} - f_{ij'}/f_{.j'})^2 \tag{8}$$

angegeben.

Dieser „gewichtete" Abstand hat besonders den Vorteil, daß er das Prinzip der „*Verteilungsäquivalenz*" erfüllt:

Sind zwei Zeilen-Punkte i_1 und i_2 im $\mathbf{R}^p$ nicht unterscheidbar und betrachtet man sie als einen einzigen Punkt, versehen mit der Summe der Massen von i_1 und i_2 (i_1 und i_2 werden ersetzt durch i_0), dann bleiben die Abstände zwischen sämtlichen Punkten in $\mathbf{R}^p$ und in $\mathbf{R}^n$ ungeändert. Genauso ist es für zwei Spalten-Punkte j_1 und j_2 von $\mathbf{R}^n$. Sie haben dieselben Eigenschaften.

Diese Eigenschaft kann einen stabilisierenden Einfluß auf die Ergebnisse haben. So wird die Aggregation von (Ausgaben-)Posten mit gleichen oder nur benachbarten Profilen (in den Zeilen oder in den Spalten) die erhaltenen Ergebnisse im allgemeinen nicht erschüttern. Das sichert uns in gewissem Maße gegen die Willkür einer jeden Nomenklatur. Wir zeigen, daß der gewählte Abstand diese Eigenschaften[12] durchaus erfüllt:

[12] Auch andere Abstände genügen diesem Verteilungsäquivalenzprinzip (s. ESCOFIER, 1978).

a) Invarianz der Abstände in $\mathbf{R}^p$

Sind die Punkte i_1 und i_2 im $\mathbf{R}^p$ nicht unterscheidbar, so hat man für jedes j:

$$\frac{f_{i_1 j}}{f_{i_1 .}} = \frac{f_{i_2 j}}{f_{i_2 .}} = \frac{f_{i_0 j}}{f_{i_0 .}} . \tag{9}$$

Mit

$$f_{i_0 .} = f_{i_1 .} + f_{i_2 .}$$

ergibt sich

$$f_{i_1 j} + f_{i_2 j} = f_{i_0 j} .$$

Die Berechnungen der Größen $f_{.j} = \sum_i f_{ij}$ sind daher nicht belastet, und folglich sind die durch Formel (7) gegebenen Abstände $d^2(i, i')$ invariant.

b) Invarianz der Abstände in $\mathbf{R}^n$

Unter anderem enthält der durch Formel (8) gegebene Abstand $d^2(j, j')$ die beiden den Indizes i_1 und i_2 zugeordneten Terme $A(i_1)$ und $A(i_2)$

$$A(i_1) + A(i_2) = \frac{1}{f_{i_1 .}} \left\{ \frac{f_{i_1 j}}{f_{.j}} - \frac{f_{i_1 j'}}{f_{.j'}} \right\}^2 + \frac{1}{f_{i_2 .}} \left\{ \frac{f_{i_2 j}}{f_{.j}} - \frac{f_{i_2 j'}}{f_{.j'}} \right\}^2 .$$

Diese beiden Terme werden wie folgt durch einen einzigen Term $A(i_0)$ ersetzt

$$A(i_0) = \frac{1}{f_{i_0 .}} \left\{ \frac{f_{i_0 j}}{f_{.j}} - \frac{f_{i_0 j'}}{f_{.j'}} \right\}^2 .$$

Wir bemerken, daß z. B.

$$A(i_1) = f_{i_1 .} \left\{ \frac{f_{i_1 j}}{f_{i_1 .} f_{.j}} - \frac{f_{i_1 j'}}{f_{i_1 .} f_{.j'}} \right\}^2$$

gilt. $A(i_2)$ und $A(i_0)$ lassen sich in analoger Weise schreiben, und die Größen in den geschweiften Klammern sind nach den Beziehungen (9) gleich derselben Zahl, die wir mit B bezeichnen wollen. Man hat also

$$A(i_1) + A(i_2) = f_{i_1 .} B + f_{i_2 .} B = f_{i_0 .} B = A(i_0) .$$

Daraus resultiert die Invarianz des Abstands $d^2(j, j')$.

1.5.3. Analyse im $\mathbf{R}^p$

Da der durch die Formel (7) definierte Abstand keine Quadratsumme ist, fällt das Problem aus dem Rahmen der Hauptkomponentenanalyse heraus. Man wird es indessen auf diesen Fall zurückführen, indem man die Skala auf den Achsen modifiziert. Entschließt man sich, für die p Koordinaten des Punktes i die Größen

$$f_{ij}/f_{i.}\sqrt{f_{.j}}$$

zu nehmen, so lautet der gewöhnliche euklidische Abstand der beiden Punkte i und i'

$$d^2(i, i') = \sum_{j=1}^{p} \left\{\frac{f_{ij}}{f_{i.}\sqrt{f_{.j}}} - \frac{f_{i'j}}{f_{i'.}\sqrt{f_{.j}}}\right\}^2,$$

und man verifiziert leicht, daß dieser Abstand mit dem durch die Formel (7) definierten χ^2-Abstand übereinstimmt. Man wird daher auf eine einfache Analyse geführt, wenn man die Größen $f_{ij}/f_{i.}\sqrt{f_{.j}}$ als Koordinaten der Punkte der Wolke wählt. Die Punktwolke liegt jetzt in einer Hyperebene mit der Gleichung

$$\sum_{j=1}^{p} \sqrt{f_{.j}}\, y_j = 1\,. \tag{10}$$

Da wir uns für die Form dieser Punktwolke und nicht für ihre Lage gegenüber dem Koordinatenursprung interessieren, müssen wir nun die erste *Hauptkomponente* der so konstruierten Punktwolke suchen.

Wir berechnen die Koordinaten des *Schwerpunkts* der Punktwolke im $\mathbf{R}^p$. Da jeder Punkt i mit der Masse $f_{i.}$ versehen ist, läßt sich die j-te Komponente des Schwerpunkts G wie folgt schreiben:

$$g_j = \sum_{i=1}^{n} f_{i.}(f_{ij}/f_{i.}\sqrt{f_{.j}}) = \sqrt{f_{.j}}\,.$$

Nach Verschiebung des Koordinatenursprungs in den Schwerpunkt lassen sich die Koordinaten des Punkts i in der Form $(f_{ij}/f_{i.}\sqrt{f_{.j}} - \sqrt{f_{.j}})$ schreiben. Dieser Punkt i ist mit der Masse $f_{i.}$ versehen, die im Anpassungskriterium des durch den Einheitsvektor $\boldsymbol{u}$ aufgespannten Unterraums auftritt. Bezeichnet man die Projektion des Punktes i auf die Achse $\boldsymbol{u}$ mit $\hat{\psi}_i$, so wird

$$\hat{\psi}_i = \sum_j (f_{ij}/f_{i.}\sqrt{f_{.j}} - \sqrt{f_{.j}})\, u_j\,.$$

Die zur Bestimmung von $\boldsymbol{u}$ zu maximierende Größe ist $\sum f_{i.}\hat{\psi}_i^2$. Somit muß man diejenige Kovarianzmatrix $\boldsymbol{T}$ diagonalisieren, deren allgemeines Element

$$t_{jj'} = \sum_{i=1}^{n} f_{i.}(f_{ij}/f_{i.}\sqrt{f_{.j}} - \sqrt{f_{.j}})\,(f_{ij'}/f_{i.}\sqrt{f_{.j'}} - \sqrt{f_{.j'}})$$

ist. Es ist möglich, dieser Matrix $\boldsymbol{T}$ eine einfache Form zu geben. Wir setzen nämlich

$$x_{ij} = (f_{ij} - f_{i.}f_{.j})/\sqrt{f_{i.}f_{.j}}\,. \tag{11}$$

Dann läßt sich die zu diagonalisierende Matrix $\boldsymbol{T}$ als Funktion des mit $\boldsymbol{X}$ bezeichneten (n,p)-Tableaus ausdrücken

$$\boldsymbol{T} = \boldsymbol{X}'\boldsymbol{X}\,. \tag{12}$$

Bemerkungen zu den Berechnungen

Der Vektor, dessen j-te Komponente $\sqrt{f_{.j}}$ ist, ist der zum Eigenwert 0 gehörige Eigenvektor $\boldsymbol{u}_p$ von $\boldsymbol{T}$. Man verifiziert nämlich leicht, daß

$$\sum_{j'} t_{jj'} \sqrt{f_{.j'}} = 0 \qquad \text{für alle } j$$

gilt. Da die Eigenvektoren der symmetrischen Matrix $\boldsymbol{T}$ orthogonal sind, erfüllt jeder andere Eigenvektor die Beziehung

$$\sum_{j} u_{\alpha j} \sqrt{f_{.j}} = 0\,. \tag{13}$$

Die Beziehung (13) zieht nach sich, daß jeder von $\boldsymbol{u}_p$ verschiedene Eigenvektor $\boldsymbol{u}_\alpha$ von $\boldsymbol{T}$ gleich dem zum selben Eigenwert gehörenden Eigenvektor von $\boldsymbol{T}^*$ ist, wobei $\boldsymbol{T}^*$ durch

$$\boldsymbol{T}^* = \boldsymbol{X}^{*\prime}\boldsymbol{X}^* \qquad \text{mit} \qquad x^*_{ij} = f_{ij}/\sqrt{f_{i.}f_{.j}}$$

definiert ist. Tatsächlich gilt

$$\sum_{j'} t_{jj'} u_{\alpha j'} = \sum_{j'} t^*_{jj'} u_{\alpha j'} \qquad (\text{für jedes } \alpha \neq p)\,.$$

Was den Vektor $\boldsymbol{u}_p$ betrifft, so prüft man leicht nach, daß er gleichfalls Eigenvektor von $\boldsymbol{T}^*$ ist, aber dem Eigenwert 1 zugeordnet wird. Sorgt man also dafür, daß man diesen Eigenvektor entfernt, so kann man die Zuordnungsanalyse über dem *nicht zentrierten Tableau* $\boldsymbol{X}^*$ ausführen.

Die Projektion des Punkts i auf die α-Achse ergibt für $\alpha \neq p$ wegen Beziehung (13)

$$\hat{\psi}_{\alpha i} = \sum_{j=1}^{p} (f_{ij}/f_{i.}\sqrt{f_{.j}})\, u_{\alpha j}\,. \tag{14}$$

1.5.4. Analyse im $\mathbf{R}^n$

Die in der Häufigkeitstabelle einander zugeordneten Mengen spielen analoge Rollen; die Analyse im $\mathbf{R}^n$ kann daher aus der für den $\mathbf{R}^p$ geführten Analyse durch Vertauschen der Rollen von i und j abgeleitet werden.

Somit werden jetzt die Größen $f_{ij}/f_{.j}\sqrt{f_{i.}}$ zu Koordinaten des Punkts j. Dieser Punkt j werde mit der Masse $f_{.j}$ versehen. Die i-te Koordinate des Schwerpunkts H der Wolke der p Punkte lautet $h_i = \sqrt{f_{i.}}$.

Das allgemeine Element der zu diagonalisierenden Kovarianzmatrix ist

$$w_{ii'} = \sum_{j=1}^{p} f_{.j}(f_{ij}/f_{.j}\sqrt{f_{i.}} - \sqrt{f_{i.}})(f_{i'j}/f_{.j}\sqrt{f_{i'.}} - \sqrt{f_{i'.}}).$$

Die gleiche Variablenänderung wie in (11) zeigt uns, daß

$$W = XX'$$

gilt. Wie vorher ist der Vektor $\boldsymbol{v}_p$, dessen i-te Komponente $\sqrt{f_{i.}}$ ist, der zum Eigenwert 0 gehörige Eigenvektor von W. Daraus leitet man auf analoge Weise ab, daß jeder Eigenvektor $\boldsymbol{v}_\alpha$ von W außer $\boldsymbol{v}_p$ gleichzeitig Eigenvektor von W^* mit gleichem zugehörigem Eigenwert ist, wobei die Matrix W^* durch

$$W^* = X^*X^{*\prime} \qquad \text{(mit derselben Definition von } X^*\text{)}$$

definiert wird.

Schließlich hat die Projektion des Punkts j auf die α-Achse die Koordinate

$$\hat{\varphi}_{\alpha j} = \sum_i (f_{ij}/f_{.j}\sqrt{f_{i.}})\, v_{\alpha i} \tag{15}$$

auf der Achse.

1.5.5. Die Beziehungen zwischen den beiden Räumen $\mathbf{R}^p$ und $\mathbf{R}^n$

Die allgemeine Analyse hat gezeigt, daß die Matrizen $T^* = X^{*\prime}X^*$ und $W^* = X^*X^{*\prime}$ dieselben von Null verschiedenen Eigenwerte λ_α haben und daß zwischen dem λ_α zugeordneten Einheitseigenvektor $\boldsymbol{u}_\alpha$ von T^* und dem λ_α zugeordneten Einheitseigenvektor $\boldsymbol{v}_\alpha$ von W^* folgende Beziehungen bestehen

$$\boldsymbol{v}_\alpha = \frac{1}{\sqrt{\lambda_\alpha}} X^*\boldsymbol{u}_\alpha\,, \tag{16}$$

$$\boldsymbol{u}_\alpha = \frac{1}{\sqrt{\lambda_\alpha}} X^{*\prime}\boldsymbol{v}_\alpha\,. \tag{17}$$

Verwendet man die Definition von x^*_{ij}, so kann man die Zeile i der Matrix-Relation (16) wie folgt schreiben

$$v_{\alpha i} = \frac{1}{\sqrt{\lambda_\alpha}} \sum_{j=1}^{p} (f_{ij}/\sqrt{f_{i.}f_{.j}})\; u_{\alpha j}\,.$$

Ein Vergleich dieser Beziehung mit der weiter oben gegebenen Beziehung (14) zeigt, daß

$$\hat{\psi}_{\alpha i} = \sqrt{\lambda_\alpha}\, v_{\alpha i}/\sqrt{f_{i.}} \tag{18}$$

gilt. Gleichermaßen kann man die Zeile j der Beziehung (17) wie folgt schreiben

$$u_{\alpha j} = \frac{1}{\sqrt{\lambda_\alpha}} \sum_{i} (f_{ij}/\sqrt{f_{i.}f_{.j}})\; v_{\alpha i}\,.$$

Durch Vergleich mit der Beziehung (14) erhält man

$$\hat{\psi}_{\alpha j} = \sqrt{\lambda_\alpha}\, u_{\alpha j}/\sqrt{f_{.j}}\,. \tag{19}$$

Die Substitution von $v_{\alpha i}$ in der Beziehung (15) durch seinen aus (18) gewonnenen Wert führt auf die erste zwischen den Zeilen-Punkten und den Spalten-Punkten auf der α-Achse bestehende Fundamentalbeziehung

$$\hat{\varphi}_{\alpha j} = \frac{1}{\sqrt{\lambda_\alpha}} \sum_{i=1}^{n} (f_{ij}/f_{.j})\; \hat{\psi}_{\alpha i}\,. \tag{20}$$

Genauso führt die Substitution von $u_{\alpha j}$ durch seinen aus (19) gewonnenen Wert in die Beziehung (14) auf die zweite Fundamentalbeziehung

$$\hat{\psi}_{\alpha i} = \frac{1}{\sqrt{\lambda_\alpha}} \sum_{j=1}^{p} (f_{ij}/f_{i.})\; \hat{\varphi}_{\alpha j}\,. \tag{21}$$

Die Matrix mit dem allgemeinen Element $(f_{ij}/f_{i.})$, die es uns erlaubt, die Koordinaten eines Punkts i auf der Basis der Koordinaten aller Punkte j (Beziehung (21)) zu berechnen, ist nichts anderes als das Tableau der Zeilen-Profile (geteilt durch 100) der Tabelle 9. So erhält man in unserem Beispiel die Koordinate eines *Berufs* als Produkt des Abschnitts des Schwerpunkts aller *Übernachtungsarten* auf der α-Achse mit $(1/\sqrt{\lambda_\alpha})$, wobei die Gewichte die Elemente des Profils der Übernachtungen dieses Berufs sind.

In gleicher Weise zeigt die Beziehung (20), daß die Koordinaten eines *Übernachtungsarten*-Punkts proportional zum Bary-Zentrum der *Berufe*-Punkte sind, wobei die Gewichte die Elemente des berufs-soziologischen Profils dieser Übernachtungsart sind, d. h. die Elemente der zugehörigen Spalte von Tabelle 10.

Bemerkungen

Die Beziehungen (20) und (21) *sind keine Spezialfälle der bei der allgemeinen Analyse aufgestellten Beziehungen* (1) *und* (2), weil die „Übergangs"-Matrizen nicht ineinander übergeführt werden.

Übrigens ziehen diese Beziehungen nach sich, daß $\lambda_\alpha \leqq 1$ für jedes α gilt: sämtliche Eigenwerte sind kleiner als 1. Tatsächlich, existiert eine α mit $\lambda_\alpha > 1$, so hätte man $1/\sqrt{\lambda_\alpha} < 1$; die Beziehung (20) würde dann ausdrücken, daß die $\bar{\varphi}_{\alpha j}$ im Inneren (Rand angeschlossen) des durch die $\hat{\psi}_{\alpha i}$ bedeckten Intervalls liegen, obgleich die Beziehung (21) die strenge umgekehrte Inklusionsbeziehung ausdrückt, was unmöglich ist.

1.5.6. Rekonstruktion der Häufigkeitstabelle

Bedient man sich der Beziehung (3) aus 1.1.2, so führt die allgemeine Analyse des Tableaus $\boldsymbol{X}^*$ mit dem erzeugenden Element $x^*_{ij} = f_{ij}/\sqrt{f_{i.}f_{.j}}$ auf die Rekonstruktionsformel

$$\boldsymbol{X}^* = \sum_{\alpha=1}^{p} \sqrt{\lambda_\alpha}\boldsymbol{v}_\alpha \boldsymbol{u}_\alpha .$$

Ersetzt man $\boldsymbol{v}_\alpha$ und $\boldsymbol{u}_\alpha$ durch ihre aus den Beziehungen (18) und (19) entnommenen Werte, so erhält man dann für x^*_{ij}

$$f_{ij}/\sqrt{f_{i.}f_{.j}} = \sum_{\alpha=1}^{p} \left\{ \frac{1}{\sqrt{\lambda_\alpha}} \hat{\psi}_{\alpha i}\hat{\varphi}_{\alpha j} \right\} \sqrt{f_{i.}f_{.j}} . \tag{22}$$

Nun wissen wir, daß $\lambda_1 = 1$ gilt und daß $u_{1j} = \sqrt{f_{.j}}$ und $v_{1i} = \sqrt{f_{i.}}$ die diesem Eigenwert zugeordneten Eigenvektoren sind. Nach (18) und (19) hat man daher $\bar{\varphi}_{1j} = 1$ und $\hat{\psi}_{1i} = 1$. Also kann man für Formel (22) schreiben

$$f_{ij} = f_{i.}f_{.j}\left\{1 + \sum_{\alpha=2}^{p} \frac{1}{\sqrt{\lambda_\alpha}} \hat{\psi}_{\alpha i}\hat{\varphi}_{\alpha j} \right\} . \tag{23}$$

In dieser Rekonstruktionsformel streben die Koordinaten $\hat{\psi}_\alpha$ und $\hat{\varphi}$ wie $\sqrt{\lambda_\alpha}$ gegen 0.

Die Rekonstruktionsformel wird oft auf der Basis von Faktoren mit der Norm 1 notiert. Wir wollen dies dann ohne „Hut" schreiben

$$\psi_{\alpha i} = \frac{1}{\sqrt{\lambda_\alpha}} \hat{\psi}_{\alpha i} \quad \text{und} \quad \varphi_{\alpha j} = \frac{1}{\sqrt{\lambda_\alpha}} \hat{\varphi}_{\alpha j} .$$

Dann erhält man die Rekonstruktionsformel

$$f_{ij} = f_{i.}f_{.j}\left\{1 + \sum_{\alpha > 1} \sqrt{\lambda_\alpha}\psi_{\alpha i}\varphi_{\alpha j}\right\}.$$

1.5.7. Positionierung der zusätzlichen Elemente

Wir stellen uns vor, daß das Tableau der Wirkungen durch eine gewisse Anzahl *zusätzlicher Spalten* angereichert wird. Es handelt sich dann darum, die *Profile* dieser neuen Spalten-Punkte bezüglich der p bereits plazierten Punkte im $\mathbf{R}^n$ zu postieren. Mit k_{ij}^+ bezeichnen wir die i-te Koordinate der j-ten Zusatz-Spalte. Ihr Profil wird durch

$$\{k_{ij}^+/k_{.j}^+\} \quad \text{mit} \quad k_{.j}^+ = \sum_{i=1}^{n} k_{ij}^+$$

gegeben. Die Projektion dieses Punktes j auf die α-Achse führt man aus, indem man die fundamentale Relation (20) verwendet

$$\hat{\varphi}_{\alpha j}^+ = \frac{1}{\sqrt{\lambda_\alpha}} \sum_{i=1}^{n} (k_{ij}^+/k_{.j}^+)\, \hat{\psi}_{\alpha i}.$$

Für eine *Zusatzzeile* i erhält man in analoger Weise

$$\hat{\psi}_{\alpha i}^+ = \frac{1}{\sqrt{\lambda_\alpha}} \sum_{j=1}^{p} (k_{ij}^+/k_{i.}^+)\, \hat{\varphi}_{\alpha j}.$$

Es ist interessant, zu vemerken, daß die Zusatzelemente — wie die analysierten Elemente — als *Pseudo-Bary-Zentren* auftreten.

1.5.8. Interpretationshilfen

Um die bei der Zuordnungsanalyse bestimmten Achsen zu interpretieren, werden wir für jedes Element der beiden einander zugeordneten Mengen zwei Koeffizientenserien berechnen:

1) *die absoluten Beiträge*, die den Teil ausdrücken, der durch ein gegebenes Element in der durch einen Faktor „erklärten" Varianz eingenommen wird;

2) *die relativen Beiträge* oder Element-Faktor-Korrelationen, die den Teil ausdrücken, der durch einen Faktor in der „Erklärung" der Streuung eines Elements eingenommen wird.

Während die absoluten Beiträge zu erkennen erlauben, welche Variablen für die Konstruktion eines Faktors verantwortlich sind, neben die relativen Beiträge diejenigen heraus, die die exklusiven Charakteristiken dieses Faktors sind. Die Anwendung dieser Koeffizienten wird beim Zahlenbeispiel in 1.5.9 präzisiert werden.

Absolute Beiträge

Wir berechnen die Varianzen der Koordinaten der n Punkte i über der α-Achse, deren jeder mit der Masse $f_{i.}$ versehen ist. Wird der Koordinatenursprung im Schwerpunkt angenommen, so hat man $\sum_{i=1}^{n} f_{i.}\hat{\psi}_{\alpha i} = 0$. Die Varianz beträgt dann $\sum_{i=1}^{n} f_{i.}\hat{\psi}_{\alpha i}^2$. Ersetzt man $\hat{\psi}_{\alpha i}$ durch seinen nach (18) ermittelten Wert, dann ergibt sich

$$\sum_{i=1}^{n} f_{i.}\hat{\psi}_{\alpha i}^2 = \lambda_\alpha \left(\sum_{i=1}^{n} v_{\alpha i}^2 \right) = \lambda_\alpha \qquad (\text{denn } \boldsymbol{v}_\alpha \text{ ist Einheitsvektor}) .$$

Analog beträgt die Varianz der Streuung der p Punkte j über der α-Achse

$$\sum_{j=1}^{p} f_{.j}\hat{\varphi}_{\alpha j}^2 = \lambda_\alpha \left(\sum_{j=1}^{p} u_{\alpha j}^2 \right) = \lambda_\alpha .$$

Somit mißt der Quotient

$$Ca_\alpha(i) = f_{i.}\hat{\psi}_{\alpha i}^2/\lambda_\alpha$$

den Anteil des Elements i in der durch die α-Achse „erklärten" Varianz. Dieser (multipliziert mit 100, falls man Prozentsätze wünscht) wird *absoluter Beitrag* des Elements i auf der α-Achse genannt. Wir wollen anmerken, daß $\sum_{i=1}^{n} Ca_\alpha(i) = 1$ für die gesamte α-Achse gilt.

Analog definiert man den absoluten Beitrag des Elements j auf der α-Achse durch $Ca_\alpha(j) = f_{.j}\hat{\varphi}_{\alpha j}^2/\lambda_\alpha$.

Relative Beiträge

Die Faktorenachsen jedes Raums bilden orthonormierte Basen. Das Abstandsquadrat eines Punkts vom Schwerpunkt (bezeichnet mit G und H je nach dem Raum) wird dann in die Summe der Koordinatenquadrate über diesen Achsen zerlegt. Für einen Punkt i von $\mathbf{R}^p$ hat man

$$d_p^2(i, G) = \sum_{j=1}^{p} (f_{ij}/f_{i.}\sqrt{f_{.j}} - \sqrt{f_{.j}})^2 .$$

Für einen Punkt j von $\mathbf{R}^n$ kann man in üblicher Weise

$$d_n^2(j, H) = \sum_{i=1}^{n} (f_{ij}/f_{.j}\sqrt{f_{i.}} - \sqrt{f_{i.}})^2$$

erhalten.

Man bemerkt, daß die Abstände verschwinden, wenn das Profil eines Punktes gleich dem mittleren Profil ist.

Der Quotient

$$Cr_\alpha(i) = \hat{\psi}_{\alpha i}^2/d_p^2(i, G)$$

ist dann das Quadrat des Kosinus des Punktes i mit der α-Achse. Es wird als das Quadrat eines Korrelationsquotienten interpretiert, und man stellt die Beziehung $\sum_\alpha Cr_\alpha(i) = 1$ für alle i fest. Die Größe $Cr_\alpha(i)$ wird *relativer Beitrag* des Faktors α zur Lage des Elements i genannt.

Analog definiert man den relativen Beitrag des Faktors zur Lage des Spaltenelements j durch

$$Cr_\alpha(j) = \hat{\varphi}_{\alpha j}^2/d_n^2(j, H)\,.$$

Man hat wiederum $\sum_\alpha Cr_\alpha(j) = 1$ für alle j.

1.5.9. Zahlenbeispiel

Bei der Analyse von Tab. 8 sind die ersten zu konsultierenden Ergebnisse die Spur, die 0,0839 beträgt, die Eigenwerte und die Unempfindlichkeitsprozentsätze (vgl. Tab. 11).

Man bemerkt zuerst, daß der Stützraum der Punktwolke die Dimension $8 - 1 = 7$ hat. Im Gegensatz zur Hauptkomponentenanalyse ist die Spur hier

Tab. 11

	Eigenwerte	Varianzprozentsätze	kumulierte Prozentsätze
1	0,0443	53,01	53,01
2	0,0202	24,22	77,23
3	0,0088	10,53	87,76
4	0,0054	6,54	94,30
5	0,0023	2,85	97,15
6	0,0021	2,57	99,71
7	0,0002	0,29	100,00

nicht konstant; andererseits lassen sich die Eigenwerte selbst interpretieren: sie treten als Verzerrungen $1/\sqrt{\lambda_\alpha}$ auf, die die Güte der simultanen Darstellung charakterisieren.

Tab. 12 gibt die Werte für die relativen Massen, die Koordinaten, die absoluten und die relativen Beiträge für die ersten drei Faktoren der Analyse wieder.

Tab. 12

Spalten-Punkte (Übernachtungsarten)

Bezeichnungen	Massen $f_{.j}$	Koordinaten $\hat{\varphi}_{1j}$	$\hat{\varphi}_{2j}$	$\hat{\varphi}_{3j}$	absolute Beiträge $Ca_1(j)$	$Ca_2(j)$	$Ca_3(j)$	relative Beiträge $Cr_1(j)$	$Cr_2(j)$	$Cr_3(j)$
Hotel	0,146	0,33	0,17	0,09	35,7	22,0	12,5	0,73	0,20	0,05
Mietshaus	0,109	−0,08	0,14	−0,06	1,5	10,2	4,4	0,12	0,37	0,07
Eigent.	0,072	0,41	−0,13	−0,26	26,9	6,1	56,3	0,65	0,07	0,27
Eltern	0,411	−0,06	−0,14	0,04	3,8	41,7	6,9	0,15	0,78	0,06
Freunde	0,060	0,11	−0,01	0,12	1,7	0,0	9,1	0,20	0,00	0,21
Zelt	0,124	−0,30	0,14	−0,09	25,4	12,1	10,3	0,72	0,16	0,06
Dorf	0,043	−0,21	0,16	−0,02	4,4	5,6	0,1	0,47	0,27	0,00
versch.	0,036	−0,08	0,11	0,03	0,5	2,2	0,5	0,07	0,12	0,01

Zeilen-Punkte (berufssoziologische Kategorien)

Bezeichnungen	Massen $f_{i.}$	Koordinaten $\hat{\psi}_{1i}$	$\hat{\psi}_{2i}$	$\hat{\psi}_{3i}$	absolute Beiträge $Ca_1(i)$	$Ca_2(i)$	$Ca_3(i)$	relative Beiträge $Cr_1(i)$	$Cr_2(i)$	$Cr_3(i)$
Bauern	0,026	−0,14	0,18	0,24	1,1	3,9	17,3	0,08	0,13	0,25
Landarb.	0,008	−0,04	−0,39	0,35	0,0	6,1	11,4	0,00	0,34	0,27
Indust.	0,096	0,21	0,18	0,06	9,5	16,0	3,5	0,52	0,40	0,04
höh. Beamte	0,149	0,33	0,02	−0,10	35,6	0,3	16,7	0,90	0,00	0,08
mittl. Beamte	0,138	−0,10	0,06	−0,07	3,2	2,4	8,3	0,33	0,11	0,17
Angest.	0,096	−0,07	0,13	−0,01	1,0	8,0	0,2	0,18	0,62	0,01
Arbeit.	0,296	−0,24	−0,01	−0,01	37,3	0,1	0,2	0,97	0,00	0,00
Dienstleistg.	0,019	−0,04	−0,20	0,24	0,1	3,7	12,2	0,01	0,22	0,31
andere Berufe	0,046	0,01	−0,47	−0,13	0,0	50,7	8,8	0,00	0,86	0,07
nicht berufstätig	0,127	0,21	−0,12	0,12	12,2	8,6	21,5	0,59	0,19	0,21

Die in der ersten Faktorenebene zu beobachtenden Verwandtschaften werden in Abb. 10 schematisiert. Es ist klar, daß diese Darstellung lebhafter ist als es die Tab. 8, 9 und 10 sind. Indessen hat die Zuordnungsanalyse besonders auch im Falle von bescheideneren Datenansammlungen eine illustrative Funktion.

Anhand dieses Beispiels werden wir die Regeln zum Lesen und Interpretieren der Methode kommentieren.

Die Verwandtschaft zwischen zwei Berufssoziologische-Kategorien-Punkten bedeutet eine Ähnlichkeit in den Übernachtungsprofilen (Zeilen von Tab. 9). So ist es z. B. für die Unternehmer und die freien Berufe.

Die Verwandtschaft zwischen zwei Übernachtungsarten-Punkten drückt eine

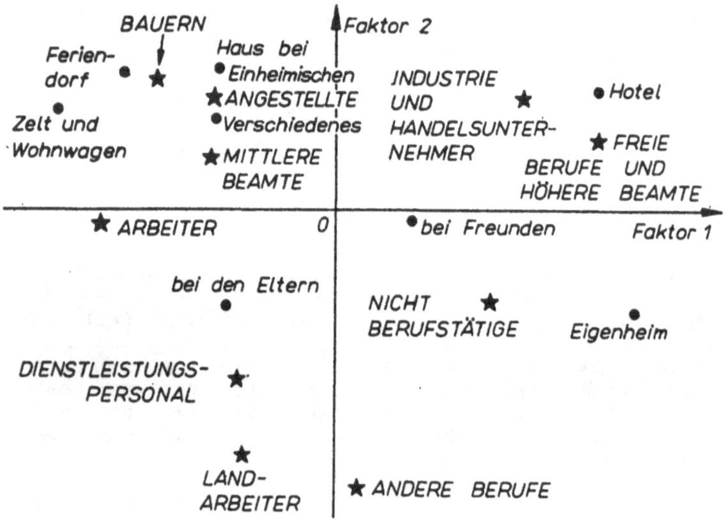

Abb. 10. Verwandtschaften zwischen Urlaubs-Übernachtungsarten und berufs-soziologischen Kategorien

Ähnlichkeit im berufssoziologischen Profil aus (Spalten von Tab. 10). Das stellt man z. B. fest für Feriendorf und Zelt und Wohnwagen.

Schließlich erlaubt die gleichzeitige Darstellung der Zeilenpunkte und der Spalten-Punkte, die für gewisse verwandtschaften verantwortlichen Variablen zu identifizieren. Somit erklärt sich die Nachbarschaft zwischen den Übernachtungsprofilen der Unternehmer und der freien Berufe vor allem durch einen überdurchschnittlichen Einfluß in der Gruppe Hotel und einen unterdurchschnittlichen in der Gruppe Zelt und Wohnwagen. Der Vergleich der beiden entsprechenden Zeilen-Profile aus Tab. 9 mit dem mittleren Profil (Zeile ‚Gesamt' in Tab. 9) bestätigt uns diese Beobachtung.

In gleicher Weise erklärt sich die Nachbarschaft zwischen Feriendorf und Zelt und Wohnwagen durch eine weitaus überdurchschnittliche Proportion bei den Arbeitern, was uns der Vergleich der beiden entsprechenden Spalten aus Tab. 10 mit der Spalte ‚Gesamt' bestätigt.

Man kann feststellen, daß die Verwandtschaften zwischen Profilen stets durch Bezugnahme auf das mittlere Profil interpretiert werden. Da die Abstände vom Ursprung der Achsen (Schwerpunkt) in der Terminologie der Abweichung vom mittleren Profil (s. 1.5.8) interpretiert werden, sind die Verwandtschaften an der Peripherie der Zeichnung viel leichter zu interpretieren.

Es ist möglich, aus den absoluten Beiträgen die Kenntnis herauszulesen, welche

Variablen für die Konstruktion der Achsen verantwortlich sind. Für die erste ist eine Masse dreimal geringer als die von Zelt-Wohnwagen.

Auf der zweiten Achse haben Eigenheim und Eltern benachbarte Abszissen, wobei der Beitrag des letzteren Punktes (41,7) den des ersteren (6,1) bei weitem übertrifft.

Für die berufssoziologischen Kategorien tragen insbesondere die höheren Beamten und Arbeiter zur ersten Achse bei (35,6 bzw. 37,3), wobei sie sich insgesamt gegenüber liegen. Aus den relativen Beiträgen (0,90 bzw. 0,97) kann man herauslesen, daß diese beiden Kategorien die erste Achse ausschließlich charakterisieren.

Man sieht, wie die Konsultation der Beiträge ein erstes Studium der Zeichnungen zu nuancieren erlaubt, indem es die Wirkung der Massendifferenzen (absolute Beiträge) präzisiert und die Kosinus der Winkel zwischen Variablen und Achsen (relative Beiträge) im Raum zutage fördert.

1.5.10. Eine andere Vorstellung der Zuordnungsanalyse

Wir wollen jetzt die Zuordnungsanalyse auf der Basis der Suche nach der *besten simultanen Darstellung* zweier Mengen von Zeilen und Spalten angeben. Diese Sicht hat den Vorteil, daß sie sehr direkt auf ein konkretes Problem bei der analytischen Berechnung der Faktoren führt. Sie erlaubt, den optimalen Charakter der Zuordnungsanalyse bei der simultanen Darstellung zu zeigen.

Wir wollen stets als Beispiel die (10×8)-Kontingenztafel 8 verwenden, die 10 berufssoziologische Kategorien (bezeichnet mit BSK) und 8 Übernachtungsarten und die Menge der BSK auf derselben Achse darzustellen, so daß man die folgende idealisierte Situation besser approximieren kann:

[A] Jeder BSK-Punkt ist ein Bary-Zentrum derjenigen Übernachtungsarten-Punkte j, die mit einem ihrer Bedeutung in der BSK i proportionalen Gewicht versehen sind; m. a. W. das Gewicht von j ist

$$p(j) = f_{ij}/f_{i.}\,.$$

Für jede Zeile i bilden die Gewichte $p(j)$ die Zeilen-Profile von Tab. 9 $\left(\text{mit } \sum_j p(j) = 1\right)$.

[B] Jeder Übernachtungsarten-Punkt j ist ein Bary-Zentrum vom BSK-Punkten, wobei jede BSK i mit einem Gewicht versehen ist, das den Anteil der BSK i an der Übernachtungsart j repräsentiert; d. h. mit dem Gewicht

$$q(i) = f_{ij}/f_{.j}\,.$$

Diese Gewichte $q(i)$ bilden für jede Spalte j die Spalten-Profile der Tab. 10 $\left(\text{mit } \sum_i q(i) = 1\right)$.

Diese idealisierte Situation ist im allgemeinen unerfüllbar, weil sie bedeuten würde, daß das durch die erste Menge bedeckte Intervall in dem von der anderen bedeckten enthalten wäre und umgekehrt[13].

Bezeichnet ψ_i die Abszisse der BSK i und φ_j die Abszisse der Übernachtungsart j auf derselben Achse, so geben die Bedingungen [A] und [B] Anlaß zu den Beziehungen

$$[A] \qquad \psi_i = \sum_{j=1}^{p} (f_{ij}/f_{i.})\, \varphi_j\,,$$

$$[B] \qquad \varphi_j = \sum_{i=1}^{n} (f_{ij}/f_{.j})\, \psi_i\,.$$

Da es im allgemeinen unmöglich ist, diese streng baryzentrischen Beziehungen gleichzeitig zu realisieren, werden wir einen möglichst nahe an 1 gelegenen Koeffizienten $\beta > 0$ suchen, so daß die „β-baryzentrischen" Beziehungen

$$[A'] \qquad \psi_i = \beta \sum_j (f_{ij}/f_{i.})\, \varphi_j\,,$$

$$[B'] \qquad \varphi_j = \beta \sum_i (f_{ij}/f_{.j})\, \psi_i$$

gelten.

Wir bemerken, daß β notwendig größer oder gleich 1 ist, wenn nicht die Beziehungen [A'] und [B'] ein gegenseitiges Enthaltensein der beiden Intervalle zur Folge haben sollen. Das führt daher dazu, das kleinste β zu suchen, so daß die Beziehungen [A'] und [B'] gleichzeitig erfüllt sind.

In [A'] ersetzen wir φ_j durch seinen aus [B'] erhaltenen Wert

$$\psi_i = \beta^2 \sum_j \frac{f_{ij}}{f_{i.}} \left(\sum_{i'} \frac{f_{i'j}}{f_{.j}}\, \psi_{i'} \right).$$

Diese Beziehung erlaubt es,

$$\sum_{i'} \left(\sum_j \frac{f_{ij} f_{i'j}}{f_{i.} f_{.j}} \right) \psi_{i'} = \frac{1}{\beta^2}\, \psi_i$$

[13] Es gibt nur eine triviale Lösung, für die sämtliche Punkte der beiden Mengen mit dem Abszissenpunkt 1 zusammenfallen.

zu schreiben. Setzen wir

$$\psi_i = \beta^2 \sum_j \frac{f_{ij}}{f_{i.}} \left(\sum_{i'} \frac{f_{i'j}}{f_{.j}} \psi_{i'} \right),$$

so erfüllt der Vektor $\boldsymbol{v}$ die Beziehung

$$\sum_{i'} \left(\sum_j \frac{f_{ij} f_{i'j}}{f_{.j} \sqrt{f_{i.} f_{i'.}}} \right) v_{i'} = \frac{1}{\beta^2} v_i .$$

Dies zeigt, daß $\boldsymbol{v}$ der dem größten Eigenwert $\lambda = 1/\beta^2$ zugeordnete Eigenvektor der weiter oben definierten Matrix W^* ist.

Es ergibt sich unmittelbar, daß die Beziehungen [A′] und [B′] nichts anderes als die Beziehungen (20) und (21) sind. Der erste Eigenwert $\lambda = 1$ entspricht dem weiter oben beschriebenen trivialen Fall. Man hat also $\beta = 1/\sqrt{\lambda}$, wobei λ der größte von 1 verschiedene Eigenwert der Matrix W^* ist.

In analoger Weise kann man die Suche nach dieser besten „β-baryzentrischen“ Darstellung auf einer Achse auf die beste „β_1,β_2-baryzentrische“ Darstellung in einer durch zwei orthogonale Achsen aufgespannten Ebene ausdehnen und dann auf einen Unterraum höherer Dimension verallgemeinern. Selbstverständlich findet man die durch die Zuordnungsanalyse erhaltene Darstellung wieder.

1.5.11. Anschauliche Beispiele

Mit der Zuordnungsanalyse ist es möglich, Tableaus positiver Zahlen zu „beschreiben“, ohne daß diese notwendig Tableaus von Wahrscheinlichkeiten oder Häufigkeiten sein müßten. Wenn qualitative Variable (d. h. Variable, die die Werte 0 oder 1 annehmen) auftreten, sind die erhaltenen Ergebnisse oft interessanter als die, die die Hauptkomponentenanalyse liefert. Weiter unten werden wir ein Beispiel angeben, das zunächst die Abhängigkeitstabelle von reduziertem Format und dann analoge Daten für eine wichtigere Tabelle betrifft.

Anwendung auf eine Tabelle, die 8 Sterbensursachen mit 13 berufssoziologischen Kategorien kreuzt

Dieses Tableau hat als erzeugendes Element k_{ij} die Anzahl der Todesfälle für Männer in der Altersklasse von 46 bis 54 Jahren zwischen 1956 und 1960 für die berufssoziologische Kategorie i durch die Ursache j. Die 8 Todesursachen sind die folgenden (Quelle: INSEE):

Tuberkulose der Atmungsorgane,
Krebs jeglicher Art (ohne Leukämie),

Gefäßverletzungen im Kopf,
Herzkrankheiten,
Alkoholismus, Leberzirrhose,
Selbstmord,
Unfälle mit tödlichen Verletzungen (ohne Selbstmorde),
Andere und nicht festgestellte Ursachen.

Abb. 11 stellt die Verwandtschaften zwischen den berufssoziologischen Kategorien, zwischen den Todesursachen und zwischen berufssoziologischen Kategorien und Todesursachen dar.

Wir erinnern uns, daß jede berufssoziologische Kategorie mit einem Gewicht auftritt, das gleich der Gesamtzahl von Todesfällen ist, die sie enthält; jede Todesursache erhält ein Gewicht, das gleich der Gesamtzahl der Todesfälle mit dieser Ursache ist.

Man bekommt ein ungefähres Bild von der Einteilung der Todesfälle nach Ursachen in eine berufssoziologische Kategorie i, wenn man die Abstände des Punkts i von den 8 Ursachen-Punkten betrachtet.

Wir bemerken, daß der erste Faktor durch eine starke Beteiligung der Ursachen „Alkoholismus", „Selbstmord", „Unfall" und „Tuberkulose" bestimmt wird. Die durch diese speziellen Krankheitsformen am stärksten betroffenen Kategorien sind die Hilfsarbeiter, Landarbeiter und verschiedene Kategorien von Arbeitern. Wir überlassen es dem Leser, diese Darstellung genauer zu analysieren.

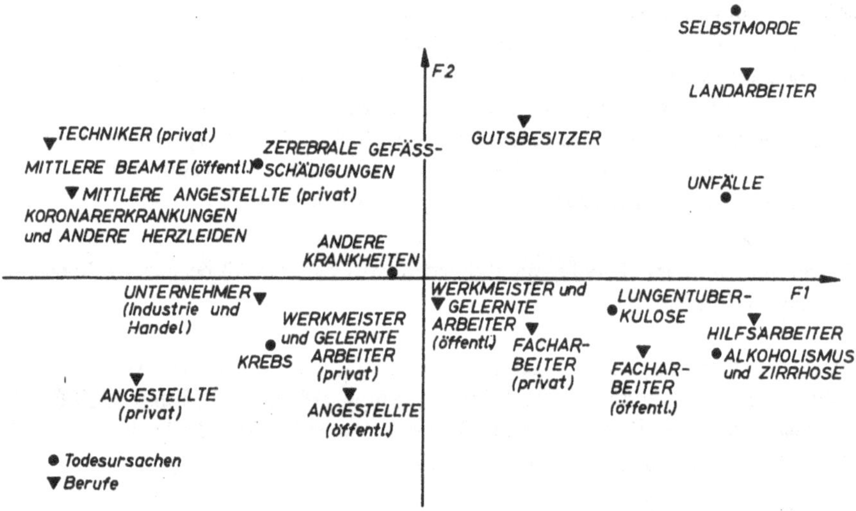

Abb. 11. Verwandtschaften zwischen 13 berufssoziologischen Kategorien und 8 Todesursachen

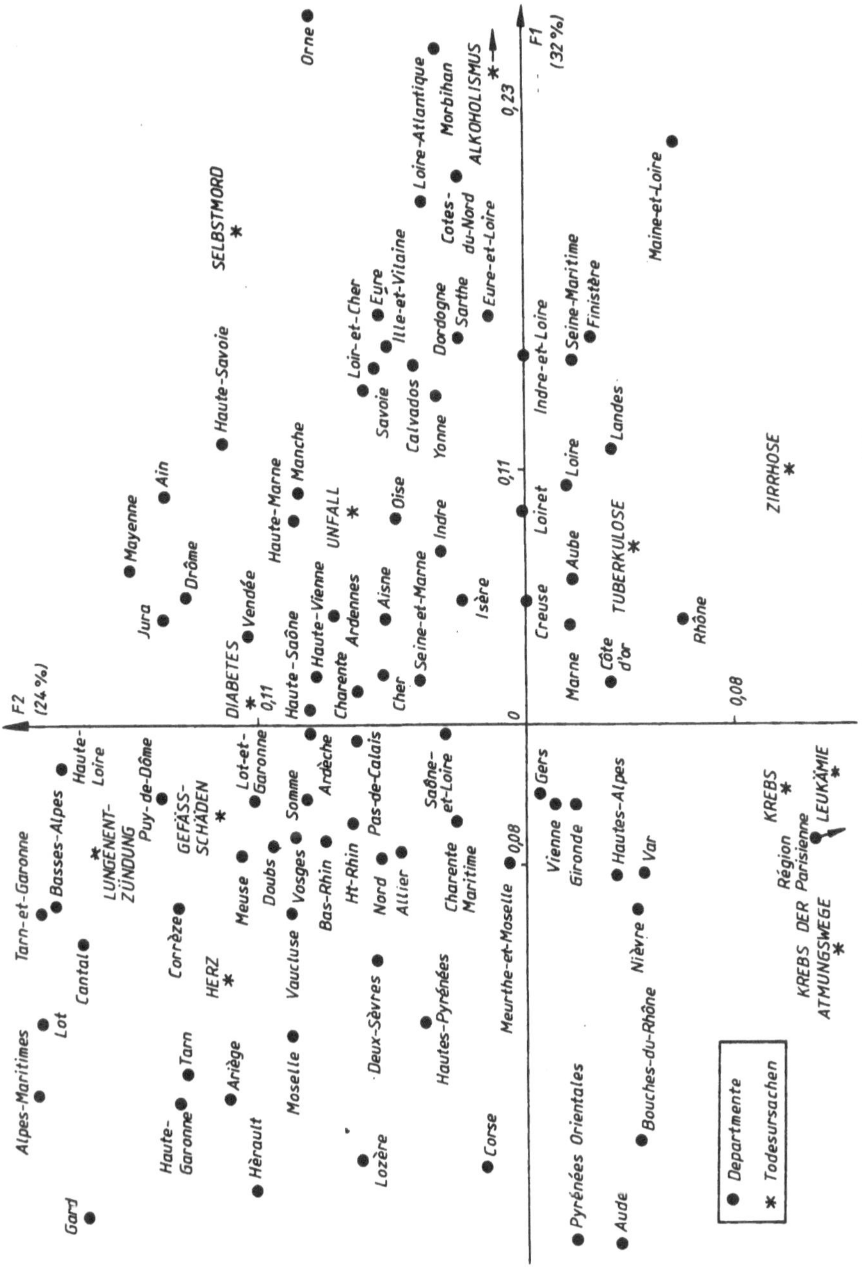

Abb. 12. Zuordnungsanalyse. Abhängigkeitstabelle: Todesursachen — Departemente, 1962

Anwendung auf ein Tableau, das 12 Todesursachen mit 88 Departements kreuzt (s. Abb. 12)

Diese zweite Analyse betrifft die beiden Geschlechter, die Altersklasse von 45 bis 64 Jahre, die größer ist als die vorangegangene, und das Jahr 1962. Zu den vorangegangenen Ursachen wurden Diabetes, Lungenentzündung hinzugefügt; die Position Krebs wurde aufgelöst, so daß Krebs der Atemwege und Lunge sowie Leukämie getrennt erscheinen. Die Positionen Alkoholismus und Zirrhose werden nun unterschieden.

Obwohl die Daten nicht vergleichbar sind, gibt es eine klare Konvergenz der Ergebnisse darin, was die Verwandtschaften und die Verbindungen zwischen den Todesursachen betrifft. Die Aufteilung der französischen Bevölkerung in Departements ist gewiß nicht unabhängig von der Aufteilung in berufssoziologische Kategorien, aber sie ist offenbar sehr verschieden.

Wie wir schon angekündigt haben, reduziert die Verteilungsäquivalenz die Willkür der Bezeichnungen maximal und erlaubt, über die Aufteilungen hinauszugehen, um die grundlegenden Bevölkerungscharakteristiken offenbar zu machen. Wir überlassen es dem Arzt und dem Demographen selbst, diese Abbildung ins Einzelne gehend zu interpretieren. Wir bemerken, daß die Analogie zwischen den beiden Strukturen auf Grund der Tableaus der Zahlenwerte nur schwer herauszufinden gewesen wäre.

1.6. Verschiedene Methoden und Ergänzungen

In diesem Abschnitt werden die mit den vorangegangenen eng verknüpften Techniken eingeordnet, bei denen aber nicht eigentlich von mehrdimensionaler deskriptiver Statistik gesprochen werden kann.

Es ist aus historischen Gründen notwendig, einige Worte über die grundsätzlich von Psychologen verwendete *Faktorenanalyse nach gemeinsamen und spezifischen Faktoren* zu sagen. Die Entwicklungen, zu denen sie Anlaß gegeben hat, sind komplex und mannigfaltig; zu diesem Punkt kann man das Werk von HARMAN (1976) konsultieren.

Danach soll die *orthogonale Regression* angeführt werden, die eine lineare Beziehung zwischen Variablen sucht, die analoge Rollen spielen; dann schneiden wir das Thema *Hauptkomponentenregression* an, bei der die exogenen Variablen der klassischen Anpassung durch eine orthonormierte Basis ersetzt werden, die sich aus einer Faktorenanalyse ergibt.

Daraufhin wird kurz die Frage der *kanonischen Analyse* angeschnitten, das ist eine Methode von großem theoretischen Interesse, weil sie die multiple Regression verallgemeinert. Schließlich sollen einige Angaben über *Bewertungsmethoden für Ergebnisse* aus der Faktorenanalyse gemacht werden.

1.6.1. Faktorenanalyse nach gemeinsamen und spezifischen Faktoren

Das Modell

Diese Methode hat das Ziel, auf Grund einer kleinen Anzahl q von *Faktoren* die zwischen p beobachteten Variablen existierenden Korrelationen zu rekonstruieren. Sie kann nicht als Spezialfall zu vorangegangenen Methoden betrachtet werden. Man nimmt die Existenz eines a priori gegebenen Modells

$$\underset{(p,\,1)}{\boldsymbol{x}_i} = \underset{(p,\,q)}{\boldsymbol{\Gamma}}\ \underset{(q,\,1)}{\boldsymbol{f}_i} + \underset{(p,\,1)}{\boldsymbol{e}_i} \tag{24}$$

an. In dieser Schreibweise stellt $\boldsymbol{x}_i$ den i-ten beobachteten Vektor der p Variablen dar; $\boldsymbol{\Gamma}$ ist ein (p,q)-Tableau *unbekannter* Koeffizienten (mit $q < p$); $\boldsymbol{f}_i$ ist der i-te Wert des zufälligen und nicht beobachtbaren Vektors q *gemeinsamer Faktoren*; und $\boldsymbol{e}_i$ ist der i-te Wert des nicht beobachtbaren Vektors der Reste, die die kombinierte Wirkung der *spezifischen Faktoren* und einer zufälligen Störung darstellen. So wird zum Beispiel im Falle der gemeinsamen Faktoren „f_1 = Intelligenz" und „f_2 = Gedächtnis", die die Psychologen untersuchen, das Matrix-System (24) für das i-te Individuum wie folgt geschrieben:

$$\begin{cases} x_{i1} = \lambda_{11} f_{i1} + \lambda_{12} f_{i2} + e_{i1} \\ x_{i2} = \lambda_{21} f_{i1} + \lambda_{22} f_{i2} + e_{i2} \\ \dots\dots\dots\dots\dots\dots\dots\dots \\ x_{ip} = \lambda_{p1} f_{i1} + \lambda_{p2} f_{i2} + e_{ip} \end{cases} .$$

Jede Beobachtung jeder Variablen wird als Realisierung einer Zufallsvariablen betrachtet, die durch Addition derselben beiden Zufallsvariablen, die die gemeinsamen Faktoren sind, zum zufälligen spezifischen Rest bestimmt sind.

Mit $\boldsymbol{X}$ bezeichnen wir das (n,p)-Tableau, dessen i-te Zeile der die Beobachtung i repräsentierende transponierte Vektor $\boldsymbol{x}_i'$ ist. Genauso bezeichnet $\boldsymbol{F}$ das nicht beobachtbare (n,q)-Tableau, dessen i-te Zeile $\boldsymbol{e}_i'$ ist. Das die Menge der Beobachtungen mit den hypothetischen Faktoren verbindende Modell wird wie folgt geschrieben

$$\underset{(n,\,p)}{\boldsymbol{X}} = \underset{(n,\,q)}{\boldsymbol{F}}\ \underset{(q,\,p)}{\boldsymbol{\Gamma}'} + \underset{(n,\,p)}{\boldsymbol{E}} . \tag{25}$$

In dieser Schreibweise ist nur $\boldsymbol{X}$ beobachtbar, und das Modell ist folglich stark unbestimmt. Parameteridentifikation und -schätzung stellen dafür komplexe

Probleme dar, die Quelle für eine reiche Literatur sind (s. z. B. die Bibliografie von HARMAN, 1976). Eine ganze Kaskade von zusätzlichen A-priori-Hypothesen wird uns erlauben, das Problem in einer vereinfachten Form zu schreiben, die einzige, auf die es uns hier ankommt.

Ohne Einschränkung der Allgemeinheit werden wir annehmen, daß die Variablen, deren Beobachtungen die Spalten von $\boldsymbol{X}$ sind, sowie die Zufallsvariablen, die die gemeinsamen Faktoren und die spezifischen Faktoren bilden, zentriert sind.[14] Wir werden die folgenden Bezeichnungen verwenden:

- $\boldsymbol{W}$ (p,p)-Matrix der theoretischen Kovarianzen zwischen den Variablen;
- $\boldsymbol{\Phi}$ (q,q)-Matrix der theoretischen Kovarianzen zwischen den gemeinsamen Faktoren;
- $\boldsymbol{\Delta}$ (p,p)-Matrix der theoretischen Kovarianzen zwischen den spezifischen Faktoren.

Wir nennen $\boldsymbol{S}$ die Matrix der empirischen Kovarianzen der Beobachtung $\boldsymbol{X}$, die wir wiederum ohne Beschränkung der Allgemeinheit als zentriert annehmen. Im Hinblick auf (25) und nach Definition bekommt man

$$\boldsymbol{S} = \frac{1}{n}\boldsymbol{X}'\boldsymbol{X} = \frac{1}{n}(\boldsymbol{F\Gamma}' + \boldsymbol{E})'(\boldsymbol{F\Gamma}' + \boldsymbol{E})$$

$$= \frac{1}{n}\boldsymbol{\Gamma F'F\Gamma}' + \frac{1}{n}\boldsymbol{\Gamma F'E} + \frac{1}{n}\boldsymbol{E'F\Gamma}' + \frac{1}{n}\boldsymbol{E'E}\,. \tag{26}$$

Den Hypothesen des Modells werden wir die A-priori-Hypothese hinzufügen, daß die Restfaktoren mit den gemeinsamen Faktoren nicht korreliert sind; da die Matrix der entsprechenden theoretischen Kovarianzen Null ist, werden wir in (26) die Matrizen $\frac{1}{n}\boldsymbol{F'E}$ und $\frac{1}{n}\boldsymbol{E'F}$, deren Erwartungswerte Null sein müssen, als vernachlässigbar betrachten. Somit gewinnt die Beziehung (26) die vereinfachte Form

$$\boldsymbol{S} = \frac{1}{n}\boldsymbol{\Gamma F'F\Gamma}' + \frac{1}{n}\boldsymbol{E'E}\,,$$

die der folgenden theoretischen Beziehung für das Modell entspricht:

$$\boldsymbol{W} = \boldsymbol{\Gamma\Phi\Gamma}' + \boldsymbol{\Delta}\,. \tag{27}$$

Das Schätzproblem besteht darin, über (27) eine Matrix $\hat{\boldsymbol{W}}$ anzupassen, die in bezug auf ein anderweitig gewähltes Kriterium der empirischen Kovarianzmatrix $\boldsymbol{S}$

[14] Anmerkung d. Hrsg.: Sie haben also den Erwartungswert Null.

benachbart ist. Um aber für die Parameter von Γ, Φ und Δ eine eindeutige Lösung zu erhalten, ist es notwendig, im Modell Zusatzbeschränkungen einzuführen. Im allgemeinen setzt man voraus, daß die spezifischen Faktoren unkorreliert sind, d. h., daß die Matrix Δ diagonal ist, und man schreibt darüberhinaus vor, daß die gemeinsamen Faktoren orthogonal und von der Varianz 1 sind, m. a. W., die Matrix Φ ist die Einheitsmatrix I von der Ordnung q, und die Beziehung (27) des Modells wird nun zu

$$W = \Gamma\Gamma' + \Delta \qquad (\Delta \text{ diagonal}). \tag{28}$$

Über diese Beziehung scheint die Verbindung zur Hauptkomponentenanalyse klar. Es handelt sich in diesem Fall darum, die empirische Matrix S so zu zerlegen, daß

$$S = U\Lambda U'$$

gilt, wobei Λ die Diagonalmatrix der (geordneten) Eigenwerte ist und U das Tableau der entsprechenden normierten Eigenvektoren. Diese Beziehung kann man noch wie folgt schreiben:

$$S = (U\Lambda^{1/2})(U\Lambda^{1/2})' = \overset{*}{U}\overset{*}{U}' ;$$

dabei ist $\overset{*}{U}$ das Tableau der mit den Quadratwurzeln der entsprechenden Eigenwerte multiplizierten Eigenvektoren.

Aus diesem Blickwinkel heraus setzt die Analyse nach gemeinsamen und spezifischen Faktoren voraus, daß man beim Subtrahieren einer Diagonalmatrix mit positiven Elementen ($\tilde{\Delta}$ schätzt Δ) eine Zerlegung der empirischen Kovarianzmatrix in der Form

$$S - \tilde{\Delta} = \Gamma\Gamma'$$

erhält, wobei Γ nur q Spalten enthält, während in $S = \overset{*}{U}\overset{*}{U}'$ das Tableau $\overset{*}{U}$ p Spalten enthält. Nebenher sieht man, daß eine Hauptkomponentenanalyse, bei der die $(p - q)$ letzten Eigenwerte nahe beieinander liegen und in der Nachbarschaft von 0, Ergebnisse liefern wird, die denen einer Analyse nach q gemeinsamen, orthogonalen Faktoren sehr nahe sind.

Schätzung unbekannter Parameter

Wir wollen hier nicht die durch ein solches Modell aufgeworfenen Probleme betonen, die Gegenstand einer umfangreichen Literatur sind, und zwar besonders in den für Psychologen bestimmten Zeitschriften und Büchern. Wir wollen hier nur einige Hilfsmittel zur praktischen Berechnung angeben.

Das wesentliche Problem besteht darin, die Diagonalmatrix Δ der Varianzen der spezifischen Reste zu schätzen. Ist Δ erst einmal durch $\tilde{\Delta}$ geschätzt, dann genügt es, die Hauptkomponenten (Eigenvektoren) von $(\boldsymbol{S} - \tilde{\Delta})$ aufzusuchen. Normalerweise muß man nur eine kleine Anzahl von (statistisch von Null verschiedenen) Komponenten finden. Wir wollen hier eine besondere Abart des Modells untersuchen und danach einen numerischen Algorithmus für den allgemeinen Fall angeben.

a) Der Fall gleicher spezifischer Varianzen. Es wird a priori angenommen, daß die Faktoren sämtlich dieselbe Varianz σ^2 haben, m. a. W. nach der Hypothese $\Delta = \sigma^2 \boldsymbol{I}$ gilt

$$\boldsymbol{W} = \boldsymbol{\Gamma}\boldsymbol{\Gamma}' + \sigma^2 \boldsymbol{I},$$

und, wenn s^2 eine Schätzung von σ^2 bedeutet, wird die Beziehung (24) zu

$$\boldsymbol{x}_i = \boldsymbol{\Gamma}\boldsymbol{f}_i + s\boldsymbol{e}_i .$$

Sucht man die Hauptkomponenten der Matrix $(\boldsymbol{S} - s^2\boldsymbol{I})$, so erhält man eine Schätzung von $\boldsymbol{\Gamma}$. Indem man die Analyse von $\boldsymbol{S}$ ausführt, kann man

$$\boldsymbol{S} = \boldsymbol{U}\boldsymbol{\Lambda}\boldsymbol{U}'$$

schreiben, und folglich gilt

$$\boldsymbol{S} - s^2\boldsymbol{I} = \boldsymbol{U}\boldsymbol{\Lambda}\boldsymbol{U}' - s^2\boldsymbol{U}\boldsymbol{U}'$$

oder

$$\boldsymbol{S} - s^2\boldsymbol{I} = \boldsymbol{U}(\boldsymbol{\Lambda} - s^2\boldsymbol{I})\,\boldsymbol{U}' .$$

Es ergibt sich somit, daß die Eigenwerte von $(\boldsymbol{S} - s^2\boldsymbol{I})$ die von $\boldsymbol{S}$ vermindert um s^2 sind (da die Eigenvektoren identisch sind): da $(\boldsymbol{S} - s^2\boldsymbol{I})$ vom Rang q sein muß, ist es notwendig, daß s^2 mehrfache Wurzel von der Ordnung $p - q$ für $\boldsymbol{S}$ ist. Insbesondere dann, wenn die kleinen Eigenwerte in einer Hauptkomponentenanalyse deutlich gleich sind, kann man annehmen, daß die Daten durch ein faktorielles Modell mit geeigneten gleichen Varianzen erzeugt wurden.

b) Eine Rechenmethode für den allgemeinen Fall. Die Methode, die wir hier angeben, hat das prinzipielle Verdienst, einfach zu sein. Sie arbeitet iterativ und setzt zu Beginn $\tilde{\Delta} = 0$. Man berechnet die geordneten Einheitseigenvektoren von $\boldsymbol{S}$ im Tableau $\boldsymbol{U}$

$$\boldsymbol{S} = \boldsymbol{U}\boldsymbol{\Lambda}\boldsymbol{U}' = \overset{*}{\boldsymbol{U}}\overset{*}{\boldsymbol{U}}{}' .$$

Will man die q gemeinsamen Faktoren beibehalten, so braucht man nur die q ersten Spalten von $\overset{*}{\boldsymbol{U}}$ zu behalten und erhält ein Tableau, das mit $\overset{*}{\boldsymbol{U}}_1$ bezeichnet wird. Man muß dann

$$\boldsymbol{S} = \overset{*}{\boldsymbol{U}}_1 \overset{*}{\boldsymbol{U}}_1' + \tilde{\boldsymbol{\Delta}}$$

schreiben können. Daher wird man $\tilde{\boldsymbol{\Delta}}$ provisorisch durch die Diagonalelemente $\tilde{\boldsymbol{\Delta}}_1$ von $(\boldsymbol{S} - \overset{*}{\boldsymbol{U}}_1 \overset{*}{\boldsymbol{U}}_1')$ schätzen und die q ersten Eigenvektoren $\overset{*}{\boldsymbol{U}}_2$ von $(\boldsymbol{S} - \tilde{\boldsymbol{\Delta}}_1)$ berechnen.

Durch nachfolgende Iteration schätzt man $\tilde{\boldsymbol{\Delta}}$ durch die Diagonalelemente $\tilde{\boldsymbol{\Delta}}_2$ von $(\boldsymbol{S} - \overset{*}{\boldsymbol{U}}_2 \overset{*}{\boldsymbol{U}}_2')$, und man setzt diese Operationen fort, bis man eine vernünftige Konvergenz des Prozesses beobachten kann. Dann hat man die gesuchte Zerlegung $\boldsymbol{S} = \boldsymbol{\Gamma}\boldsymbol{\Gamma}' + \tilde{\boldsymbol{\Delta}}$.

1.6.2. Orthogonale Regression

Die orthogonale Regression ist eine Methode, die verwendet wird, um eine *lineare Beziehung* zwischen p Variablen zu bestimmen, die a priori analoge Rollen spielen (man unterscheidet nicht unabhängige und abhängige Variable). Genauer gesagt, will man die Koeffizienten suchen, die die *kleinste Streuung* der Werte dieser Linearkombination von Variablen garantieren.

Seien $\boldsymbol{u}$ ein Vektor von p Koeffizienten und $\hat{\boldsymbol{X}}$ das (n,p)-Tableau in Spalten zentrierter Beobachtungen; sei $\boldsymbol{S} = \hat{\boldsymbol{X}}'\hat{\boldsymbol{X}}/n$ die empirische Kovarianzmatrix von p Variablen. Die Varianz der Linearkombination der durch $\boldsymbol{u}$ definierten Variablen ist gerade die Größe

$$\frac{1}{n}(\hat{\boldsymbol{X}}\boldsymbol{u})'(\hat{\boldsymbol{X}}\boldsymbol{u}) = \boldsymbol{u}'\boldsymbol{S}\boldsymbol{u} .$$

Aus diesem Blickpunkt heraus bestimmte die Hauptkomponentenanalyse diejenige Linearkombination mit *maximaler Varianz* λ_1, wobei λ_1 der größte Eigenwert von $\boldsymbol{S}$ ist und $\boldsymbol{u}_1$ der zugeordnete Einheitseigenvektor $(\boldsymbol{u}_1'\boldsymbol{u}_1 = 1)$.

Dieselbe Schlußweise, angewendet auf die Suche nach der Linearkombination von Variablen mit *minimaler Varianz*, führt darauf, den dem kleinsten Eigenwert λ_p zugeordneten Eigenvektor $\boldsymbol{u}_p$ von $\boldsymbol{S}$ beizubehalten; sie ergibt übrigens den Wert dieser minimalen Varianz zu $\lambda_p = \boldsymbol{u}_p'\boldsymbol{S}\boldsymbol{u}_p$.

Diese Vorgehensweise gestattet die folgende geometrische Interpretation im $\mathbf{R}^p$. Jeder (als Einheitsvektor vorausgesetzte) Vektor $\boldsymbol{u}$ mit p Komponenten definiert im $\mathbf{R}^p$ eine Hyperebene, die geometrischer Ort der zu diesem Vektor orthogonalen Punkte $\boldsymbol{x}$ ist: $\boldsymbol{u}'\boldsymbol{x} = 0$. Ist $\hat{\boldsymbol{x}}_i$ die i-te Zeile von $\hat{\boldsymbol{X}}$, so wird der senkrechte Abstand dieses Punkts von der durch $\boldsymbol{u}$ charakterisierten Hyperebene durch die Projektion von $\hat{x}_i$ auf u gemessen, d. h. durch $u'\hat{x}_i$. Folglich ist die Quadratsumme der senkrechten Abstände von n Beobachtungs-Punkten von dieser Hyperebene wie folgt zu schreiben:

$$\sum_{i=1}^{n} (u'\hat{x}_i)^2 = u'\hat{X}'\hat{X}u = n(uSu').$$

Somit charakterisieren die Koeffizienten der orthogonalen Regression als Komponenten des Eigenvektors u_p im $\mathbf{R}^p$ diejenige Projektionsebene, die sich im Sinne der kleinsten Quadrate der Wolke der n Beobachtungen am besten anpaßt[15]; man nennt sie die *orthogonale Regressionsebene* (eine $(p-1)$-dimensionale Hyperebene).

Ist der kleinste Eigenwert gleich Null, so sind die n Punkte $\hat{x}_i$ in der Ebene enthalten, die dann die Stützebene der Punktwolke im $\mathbf{R}^p$ bildet. Übrigens kann man die Analyse durch die Untersuchung eines $(p-q)$-dimensionalen orthogonalen Regressions-*Unterraums* verallgemeinern. Er wird dadurch charakterisiert, daß er zu den q Eigenvektoren von S orthogonal ist, die den q kleinsten Eigenwerten zugeordnet sind. Diese Eigenvektoren definieren sukzessive eine Folge von Linearkombinationen von nicht korrelierten Variablen mit minimalen Varianzen.

1.6.3. Die Hauptkomponenten-Regression

Die Hauptkomponenten-Regression soll die klassische Methode der linearen Regression ersetzen, wenn die exogenen oder unabhängigen Variablen zahlreich oder untereinander stark korreliert sind.

Wir bezeichnen mit $\hat{y}$ den Vektor der n Werte der zentrierten endogenen oder abhängigen Variablen und mit $\hat{X}$ diejenige Matrix, deren Spalten die p Vektoren der n Werte der zentrierten exogenen Variablen bilden. Diese Spalten sollen durch $\hat{x}_1, \hat{x}_2, \ldots, \hat{x}_p$ bezeichnet werden.

Wir begeben uns in den Raum $\mathbf{R}^n$, in dem ein Punkt $\hat{y}$ auf die durch die Vektoren $\hat{x}_1, \hat{x}_2, \ldots, \hat{x}_p$ aufgespannte p-dimensionale lineare Mannigfaltigkeit $\mathbf{R}_X$ projiziert werden muß. Sind diese Vektoren nicht linear unabhängig, so kann der Regressionskoeffizientenvektor[16] nicht berechnet werden, denn die Matrix $\hat{X}'\hat{X}$ ist nicht invertierbar. Bilden einige unter den Vektoren $\hat{x}_1, \hat{x}_2, \ldots, \hat{x}_p$ miteinander kleine Winkel (m. a. W. liegen die Koeffizienten der empirischen Korrelation

[15] Man muß beachten, daß hier die Abweichungen senkrecht zur Projektionsebene gemessen werden, während die Anpassung des linearen Modells sie parallel zu einer privilegierten durch die endogene Variable fixierten Richtung auswertet.

[16] Anmerkung d. Hrsg.: Der Regressionskoeffizientenvektor oder Kleinste-Quadrat-Ausgleichsvektor ist durch $a = (\hat{X}'\hat{X})^{-1}\hat{X}'\hat{y}$ gegeben. Dann ist $\hat{X}a$ die Projektion von $\hat{y}$ auf $\mathbf{R}_X$.

zwischen gewissen exogenen Variablen in der Nähe von 1), so wird der Vektor mit schlechter Genauigkeit bekannt sein, weil ihre Komponenten die Koordinaten der Projektion von $\hat{y}$ in die aus den $\hat{x}_1, \hat{x}_2, \dots, \hat{x}_p$ gebildete Basis von $\mathbf{R}_X$ sind.

In diesem Falle sind die Beiträge jedes Koeffizienten schwer zu unterscheiden. Es ist offensichtlich, daß dann, wenn die Matrix $\hat{X}'\hat{X}$ „fast singulär" ist, einige ihrer Eigenwerte in der Nähe von 0 liegen. Die Zerlegung in Eigenelemente von $\hat{X}'\hat{X}$ schreibt man

$$\hat{X}'\hat{X} = U'\Lambda U = \sum_{\alpha=1}^{p} \lambda_\alpha \boldsymbol{u}_\alpha \boldsymbol{u}'_\alpha .$$

Man verifiziert leicht (das Produkt mit der Inversen ist die Einheitsmatrix), daß

$$(\hat{X}'\hat{X})^{-1} = U\Lambda^{-1}U' = \sum_{\alpha=1}^{p} \frac{1}{\lambda_\alpha} \boldsymbol{u}_\alpha \boldsymbol{u}'_\alpha$$

gilt. Das Quasi-Verschwinden des kleinsten Eigenwerts wird folgendermaßen geschrieben:

$$(\hat{X}\boldsymbol{u}_p)'(\hat{X}\boldsymbol{u}_p) = \lambda_p \approx 0 ,$$

woraus $\hat{X}\boldsymbol{u}_p \approx \mathbf{0}$ folgt. Dies zeigt an, daß die Spaltenvektoren von $\hat{X}$ quasikollinear sind.[17] Dann lautet der Kleinste-Quadrat-Ausgleichsvektor

$$\boldsymbol{a} = (\hat{X}'\hat{X})^{-1}\hat{X}'\hat{y} = \sum_{\alpha=1}^{p} \frac{1}{\lambda_\alpha} \boldsymbol{u}_\alpha \boldsymbol{u}'_\alpha \hat{X}'\hat{y}$$

und die Schätzung seiner Kovarianzmatrix

$$\operatorname{var}(\boldsymbol{a}) = s^2(\hat{X}'\hat{X})^{-1} = s^2 \sum_{\alpha=1}^{p} \frac{1}{\lambda_\alpha} \boldsymbol{u}_\alpha \boldsymbol{u}'_\alpha .$$

Aus dieser Form ersieht man, wie ein (oder mehrere) fast verschwindender Eigenwert die Anpassung ungenau macht.

Die Eigenvektoren $\boldsymbol{u}_k$ bilden eine orthonormierte Basis der Mannigfaltigkeit $\mathbf{R}_X$, auf die man $\hat{y}$ projizieren möchte. Man eliminiert das sich stellende Problem, das sich aus der Quasikollinearität ergibt, wenn man in dieser Basis die den sehr schwachen Eigenwerten λ_k entsprechenden $p - q$ Vektoren $\boldsymbol{u}_k$ unterdrückt. Man wird so einen mit $\boldsymbol{a}^*$ bezeichneten Ausgleichsvektor

$$\boldsymbol{a}^* = \sum_{\alpha=1}^{q} \frac{1}{\lambda_\alpha} \boldsymbol{u}_\alpha \boldsymbol{u}'_\alpha \hat{X}'\hat{y} \qquad (\text{mit } q < p)$$

[17] D. h. näherungsweise (oder sogar genau) linear abhängig.

berechnen, für den die Schätzung der Kovarianzmatrix

$$\mathrm{var}\,(\boldsymbol{a}^*) = s^2 \sum_{\alpha=1}^{q} \frac{1}{\lambda_\alpha} \boldsymbol{u}_\alpha \boldsymbol{u}'_\alpha$$

lautet. Ist die Matrix $\hat{\boldsymbol{X}}'\hat{\boldsymbol{X}}$ erst einmal diagonalisiert, so wird die Berechnung der Ausgleichskoeffizienten über der neuen Basis $(\boldsymbol{u}_1, \boldsymbol{u}_2, \ldots, \boldsymbol{u}_q)$ sehr einfach. Hier wird $\boldsymbol{z}_\alpha$ der Vektor der neuen Koordinaten der Punkte über der Achse $\boldsymbol{u}_\alpha$; nach der fundamentalen Beziehung (2) erhält man

$$\boldsymbol{z}_\alpha = \frac{1}{\sqrt{\lambda_\alpha}} \hat{\boldsymbol{X}} \boldsymbol{u}_\alpha \qquad (\alpha = 1, 2, \ldots, q)\,.$$

Man schreibt

$$\hat{\boldsymbol{y}} = \boldsymbol{Z}\boldsymbol{c} + \boldsymbol{e}$$

für die Anpassung zur Basis $(\boldsymbol{u}_1, \boldsymbol{u}_2, \ldots, \boldsymbol{u}_q)$, wobei $\boldsymbol{Z}$ das (n,q)-Tableau der orthogonalen Einheitsvektoren $\boldsymbol{z}_\alpha$ und $\boldsymbol{c}$ der Vektor der gesuchten q neuen Koeffizienten sind. Da $\boldsymbol{Z}'\boldsymbol{Z}$ die Einheitsmatrix der Ordnung q ist, reduziert sich die Berechnung von $\boldsymbol{c}$ auf

$$\boldsymbol{c} = (\boldsymbol{Z}'\boldsymbol{Z})^{-1}\, \boldsymbol{Z}'\hat{\boldsymbol{y}} = \boldsymbol{Z}'\hat{\boldsymbol{y}}\,.$$

Die gemeinsame Varianz der Residuen des Modells kann man durch

$$s^2 = (\textstyle\sum e_i^2)/(n - q - 1)$$

schätzen. Die Kovarianzmatrix der Koeffizienten von $\boldsymbol{c}$ wird durch

$$\mathrm{Var}\,(\boldsymbol{c}) = s^2(\boldsymbol{Z}'\boldsymbol{Z})^{-1} = s^2\boldsymbol{I}$$

abgeschätzt, m. a. W., diese Koeffizienten sind nicht korreliert und haben alle die hier durch s^2 geschätzte gleiche Varianz.

1.6.4. Kanonische Analyse

Die *kanonische Analyse* versucht, die zwischen zwei Gruppen von Variablen bestehenden Beziehungen zu synthetisieren. Sie liefert einen allgemeinen theoretischen Rahmen, der als Spezialfälle die *Multiple Regression* (wenn eine Gruppe durch nur eine Variable gebildet wird), die *Diskriminanzanalyse* (wenn die Variablen einer Gruppe die Indikatorvariablen einer Partition des Wertebereiches von Beobachtungen sind) umfaßt und die als Spezialfall selbst die *Zuordnungsanalyse* einer Kontingenztafel enthält, die zwei Partitionen kreuzt (wenn die beiden Gruppen durch die Indikatorvariablen zweier Partitionen gebildet werden). Wenn sie auch auf theoretischer Ebene interessant ist, so ist diese Technik indessen nur von begrenztem Interesse für die Anwendungen, weil ihre Ergebnisse im allgemeinen schwierig konkret zu interpretieren sind.

Bezeichnungen und Problemformulierung

Das Datentableau aus n Zeilen und $(p + q)$ Spalten wird nun in zwei Untertableaus X und Z unterteilt, die p bzw. q Spalten haben. Die Zeilen repräsentieren die Individuen oder Beobachtungen, die p ersten Spalten X sind die Variablen der ersten Gruppe, und die q folgenden Z diejenigen der zweiten Gruppe.

Wir wollen uns nun für das Individuum i interessieren, das durch die Datenzeile

$$(x_{i1}, x_{i2}, \dots , x_{ip}; z_{i1}, z_{i2}, \dots , z_{iq})$$

charakterisiert wird. Seien $\boldsymbol{a}$ und $\boldsymbol{b}$ zwei Vektoren mit p bzw. q Komponenten, die zwei Linearkombinationen $a(i)$ und $b(i)$ definieren

$$a(i) = \sum_{j=1}^{p} a_j x_{ij},$$

$$b(i) = \sum_{j=1}^{q} b_j z_{ij}.$$

Die n Werte von $a(i)$ sind die n Komponenten von $\boldsymbol{Xa}$. Genauso sind die n Werte von $b(i)$ die n Komponenten von $\boldsymbol{Zb}$. Die Vektoren $\boldsymbol{Xa}$ und $\boldsymbol{Zb}$ stellen auch zwei Punkte von $\mathbf{R}^n$ dar, die den durch die Spalten von X und Z aufgespannten Unterräumen $\mathbf{R}_X$ und $\mathbf{R}_Z$ angehören.

Wir interessieren uns für den *minimalen Winkel* zwischen den Unterräumen $\mathbf{R}_X$ und $\mathbf{R}_Z$. Genauer gesagt sucht man Koeffizienten in $\boldsymbol{a}$ und $\boldsymbol{b}$ so, daß der Kosinus des Winkels zwischen $\boldsymbol{Xa}$ und $\boldsymbol{Zb}$ maximal wird. In der Terminologie des Skalarprodukts ist leicht zu sehen, daß man diesen Kosinus durch

$$\text{Cos}\,(\boldsymbol{Xa}, \boldsymbol{Zb}) = \boldsymbol{a}'\boldsymbol{X}'\boldsymbol{Zb}/\sqrt{(\boldsymbol{a}'\boldsymbol{X}'\boldsymbol{Xa})\,(\boldsymbol{b}'\boldsymbol{Z}'\boldsymbol{Zb})}$$

ausdrücken kann.

Da diese Größe in $\boldsymbol{a}$ und $\boldsymbol{b}$ homogen vom Grade 0 ist, ist es äquivalent dazu, die Beschränkungen

$$\frac{1}{n}\boldsymbol{a}'\boldsymbol{X}'\boldsymbol{Xa} = 1 \qquad \text{und} \qquad \frac{1}{n}\boldsymbol{b}'\boldsymbol{X}'\boldsymbol{Xb} = 1 \tag{29}$$

vorzuschreiben (die die den Winkel definierenden Seiten auf eine Längeneinheit festlegen) und unter diesen Beschränkungen des Maximums von $\frac{1}{n}\boldsymbol{a}'\boldsymbol{X}'\boldsymbol{Zb}$ zu suchen.

Sind die Daten *zentriert* (die Summe der Elemente jeder Spalte in $\hat{X}$ und $\hat{Z}$ beträgt 0), so ist die Größe Cos $(\hat{X}\boldsymbol{a}, \hat{Z}\boldsymbol{b})$ nichts anderes als der *Korrelationskoeffizient* zwischen den Linearkombinationen $\boldsymbol{a}$ und $\boldsymbol{b}$. Man sucht also dasjenige Paar $(\boldsymbol{a}, \boldsymbol{b})$ von Linearkombinationen, die am meisten korreliert sind (oder, in äquivalenter Form, dasjenige Paar von Linearkombinationen mit maximaler Kovarianz unter denen mit Varianz 1). Der Vektor $\boldsymbol{a}$ mit p Komponenten und der Vektor $\boldsymbol{b}$ mit q Komponenten sollen *kanonische Variable* genannt werden.

Die Berechnung der kanonischen Variablen

Der Beweis ist analog zu dem, der uns bei der allgemeinen Analyse (s. 1.1.2) begegnete. Es treten zwei Lagrangesche Multiplikatoren auf. Wir müssen

$$\mathfrak{L} = \boldsymbol{a}'\boldsymbol{X}'\boldsymbol{Zb} - \frac{\lambda}{2}(\boldsymbol{a}'\boldsymbol{X}'\boldsymbol{Xa} - n) - \frac{\mu}{2}(\boldsymbol{b}'\boldsymbol{Z}'\boldsymbol{Zb} - n)$$

maximieren. Setzt man die Ableitungen dieser Lagrangeschen Operatoren in bezug auf die Vektoren $\boldsymbol{a}$ und $\boldsymbol{b}$ gleich Null, so erhält man das System

$$\boldsymbol{X}'\boldsymbol{Zb} - \lambda\boldsymbol{X}'\boldsymbol{Xa} = \boldsymbol{0}\,, \tag{30}$$

$$\boldsymbol{Z}'\boldsymbol{Xa} - \mu\boldsymbol{Z}'\boldsymbol{Zb} = \boldsymbol{0}\,. \tag{31}$$

Wir multiplizieren die beiden Terme in (30) von links mit $\boldsymbol{a}'$ und die in (31) mit $\boldsymbol{b}'$ und wenden die Beschränkungen (29) an. Wir erhalten

$$\boldsymbol{a}'\boldsymbol{X}'\boldsymbol{Zb} = n\lambda \qquad \text{und} \qquad \boldsymbol{b}'\boldsymbol{Z}'\boldsymbol{Xa} = n\mu\,.$$

Da die beiden ersten Terme transponierte Skalare und also gleich sind, leitet man daraus $\lambda = \mu$ ab. Somit ist $\lambda = \frac{1}{n}\boldsymbol{a}'\boldsymbol{X}'\boldsymbol{Zb}$ genau der für den Kosinus gesuchte Maximalwert.

Ist $p, q \leqq n$ und $\boldsymbol{X}$ vom Rang p, so ist $\boldsymbol{X}'\boldsymbol{X}$ invertierbar, und die Beziehung (30) erlaubt es uns,

$$\boldsymbol{a} = \frac{1}{\lambda}(\boldsymbol{X}'\boldsymbol{X})^{-1}\boldsymbol{X}'\boldsymbol{Zb}$$

zu schreiben. Durch Substitution in (31) sieht man, daß $\boldsymbol{b}$ Lösung von

$$\boldsymbol{Z}'\boldsymbol{X}(\boldsymbol{X}'\boldsymbol{X})^{-1}\boldsymbol{X}'\boldsymbol{Zb} = \lambda^2(\boldsymbol{Z}'\boldsymbol{Z})\boldsymbol{b} \tag{32}$$

ist. Ist $\boldsymbol{Z}'\boldsymbol{Z}$ invertierbar, so erscheint $\boldsymbol{b}$ als Eigenvektor der Matrix

$$M = (Z'Z)^{-1}Z'X(X'X)^{-1}X'Z\,,$$

bezogen auf den größten, mit λ^2 bezeichneten *Eigenwert*, der Quadrat des maximalen Kosinus zwischen $\mathbf{R}_X$ und $\mathbf{R}_Z$ ist. Dieser Wert λ^2 heißt *erste kanonische Wurzel.*

Der Vektor $\boldsymbol{a}$ ergibt sich daraus über die Beziehung (30), oder man berechnet ihn direkt in analoger Weise als Eigenvektor von

$$N = (X'X)^{-1}X'Z(Z'Z)^{-1}Z'X\,.$$

Die nach fallenden Eigenwerten geordneten, aufeinander folgenden Eigenvektoren liefern die Folge $(\boldsymbol{a}_1, \dots, \boldsymbol{a}_p)$, $(\boldsymbol{b}_1, \dots, \boldsymbol{b}_q)$ der *kanonischen Variablen.* Wir wollen bemerken, daß $\boldsymbol{a}_\alpha$ durch $\frac{1}{n}\boldsymbol{a}'_\alpha X'X\boldsymbol{a}_\alpha = 1$ und $\boldsymbol{b}_\alpha$ durch $\frac{1}{n}\boldsymbol{b}'_\alpha Z'Z\boldsymbol{b}_\alpha = 1$ normiert wird.

Die Matrix M ist nicht symmetrisch. Ihre Form impliziert, daß bei $\lambda_\alpha \neq \lambda_\beta$ zwei kanonische Variable $\boldsymbol{a}_\alpha$ und $\boldsymbol{a}_\beta$ unter der Metrik $X'X$ orthogonal sind, d. h. $\boldsymbol{a}'_\alpha X'X\boldsymbol{a}_\beta = 0$. Genauso sind zwei kanonische Variable $\boldsymbol{b}_\alpha$ und $\boldsymbol{b}_\beta$ unter der Metrik $Z'Z$ orthogonal, d. h. $\boldsymbol{b}'_\alpha Z'Z\boldsymbol{b}_\beta = 0$.

Eine geometrische Bemerkung

Auf Grund der $\boldsymbol{a}$ charakterisierenden Beziehung (und der analogen Beziehung für $\boldsymbol{b}$) erhält man durch Multiplikation von links mit X (bzw. Z)

$$X\boldsymbol{a} = \frac{1}{\lambda}X(X'X)^{-1}X'Z\boldsymbol{b}\,; \qquad Z\boldsymbol{b} = \frac{1}{\lambda}Z(Z'Z)^{-1}\,Z'X\boldsymbol{a}\,.$$

Die Linearkombinationen $\boldsymbol{a}$ und $\boldsymbol{b}$ definieren in $\mathbf{R}^n$ Punkte von $\mathbf{R}_X$ und $\mathbf{R}_Z$, die $X\boldsymbol{a}$ bzw. $X\boldsymbol{b}$ zu Koordinaten habe. Betrachten wir nun die symmetrischen und idempotenten Matrizen

$$X(X'X)^{-1}X'\,; \qquad Z(Z'Z)^{-1}Z'\,.$$

Es sind orthogonale Projektionsoperatoren, die von jedem Punkt des $\mathbf{R}^n$ aus die Projektion auf die Mannigfaltigkeiten $\mathbf{R}_X$ bzw. $\mathbf{R}_Z$ bewirken. Die beiden oben angegebenen Beziehungen zeigen, daß jeder der Vektoren $X\boldsymbol{a}$ und $Z\boldsymbol{b}$ Projektion des anderen ist (zum Beispiel ist die Projektion von $X\boldsymbol{a}$ auf $\mathbf{R}_Z$ kollinear mit $Z\boldsymbol{b}$). Diese Konsequenz war zu erwarten, wenn man sich daran erinnert, daß $X\boldsymbol{a}$ und $Z\boldsymbol{b}$ den minimalen Winkel zwischen $\mathbf{R}_X$ und $\mathbf{R}_Z$ bestimmen sollen. Man hätte dies auch als Ausgangspunkt für die Berechnung der kanonischen Variablen $\boldsymbol{a}$ und $\boldsymbol{b}$ wählen können.

Die Beziehung zur multiplen Regression (Fall $q = 1$)

Mit zentrierten Daten definiert man die Kovarianzmatrizen

$$V_{XX} = \frac{1}{n}\hat{X}'\hat{X}; \qquad V_{ZZ} = \frac{1}{n}\hat{Z}'\hat{Z}; \qquad V_{XZ} = \frac{1}{n}\hat{X}'\hat{Z}.$$

Besitzt der Block $\hat{Z}$ nur eine Spalte ($q = 1$), so ist V_{ZZ} ein Skalar (die Varianz von Z) und V_{XZ} ein Vektor. Die Größe b wird skalar und nach (29) in der Form $b = 1/\sqrt{V_{ZZ}}$ geschrieben. Genauso wird die Beziehung (30) nun $V_{XZ}b = \lambda V_{XX}a$ geschrieben, was

$$a = \left(\frac{b}{\lambda}\right) V_{XX}^{-1} V_{XZ}$$

ergibt. Der hier mit a bezeichnete Vektor ist somit proportional zum Vektor $a_0 = V_{XX}^{-1} V_{XZ}$ der Regressionskoeffizienten der Variablen Z über den p Variablen von X. Übrigens lautet die Relation (32) nun

$$V'_{XZ} V_{XX}^{-1} V_{XZ} b = \lambda^2 V_{ZZ} b$$

Da b, λ und V_{ZZ} Skalare sind, kann man

$$\lambda^2 = V'_{XZ} V_{XX}^{-1} V_{XZ} / V_{ZZ} = a'_0 V_{XX} a_0 / V_{ZZ}$$

schreiben. Somit ist in diesem Sonderfall die erste kanonische Wurzel gerade das oft mit R^2 bezeichnete Quadrat des multiplen Regressionskoeffizienten.

1.6.5. Diskriminanzanalyse

Unter dem Namen Diskriminanzanalyse faßt man eine Familie von Techniken zusammen, die dazu bestimmt sind, Individuen, die durch eine beträchtliche Anzahl der Variablen charakterisiert sind, zu beschreiben und *einzuordnen*. Wir wollen hier nur die hauptsächlich verwendete Methode in groben Zügen skizzieren, um deren Zusammenhang mit den in diesem Kapitel dargestellten Methoden aufzuzeigen. Diese manchmal auch als *faktorielle Diskriminanzanalyse* bezeichnete Methode geht ursprünglich auf FISHER (1936) und MAHALANOBIS (1936) zurück.

Problemformulierung und Bezeichnungen

Die Diskriminanzanalyse ist bestrebt, das Problem der Klassifizierung von Individuen zu lösen, die durch zahlreiche Variablen charakterisiert sind. Die *linearen Diskriminanzfunktionen* werden Linearkombinationen dieser Variablen sein, deren Werte am besten die *a priori* bekannten Klassen trennen. Die am meisten klassischen Beispiele gehören zweifellos in den medizinischen Bereich: Da gewisse Diagnosen (oder gewisse Entscheidungen über Eingriffe) bei einer Menge von Patienten, die durch eine Reihe von Analysen und Prüfungen charakterisiert sind, aufgestellt bzw. getroffen wurden, ist man bereit, bei einem neuen Patienten, der dieselben Analysen und Prüfungen durchgemacht hat, wieder eine Diagnose aufzustellen (bzw. sich zu einem Eingriff zu entschließen). Die Diskriminanzanalyse hat das Ziel, die wahrscheinlichste Diagnose bzw. den günstigsten Eingriff auf Grund dieser letzteren Informationen und deren Netz von Zwischenbeziehungen vorzuschlagen.

Sei $\boldsymbol{X} = (x_{ij})$ das Datentableau mit n Zeilen (Individuen oder Beobachtungen) und p Spalten (Variablen). Die n Zeilen werden in q *Klassen* aufgeteilt. Wie schon vorher wird man mit $\bar{x}_j$ das Mittel der j-ten Variable bezeichnen

$$\bar{x}_j = \frac{1}{n} \sum_{i=1}^{n} x_{ij} .$$

Mit $u(i)$ bezeichnen wir eine *Linearkombination* von p zentrierten Variablen für das Individuum i

$$u(i) = \sum_{j=1}^{p} u_j(x_{ij} - \bar{x}_j) .$$

Die Varianz $V(\boldsymbol{u})$ dieser neuen künstlichen Variablen $u(i)$ beträgt

$$V(\boldsymbol{u}) = \frac{1}{n} \sum_{i=1}^{n} u^2(i) = \frac{1}{n} \sum_{i=1}^{n} \left[\sum_{j=1}^{p} u_j(x_{ij} - \bar{x}_j) \right]^2$$
$$= \frac{1}{n} \sum_{i=1}^{n} \sum_{j=1}^{p} \sum_{j'=1}^{p} u_j u_{j'} (x_{ij} - \bar{x}_j)(x_{ij'} - \bar{x}_{j'}) ,$$

da $u(i)$ selbst zentriert ist. Vertauscht man die Reihenfolge der Summation und setzt man

$$t_{jj'} = \frac{1}{n} \sum_{i} (x_{ij} - \bar{x}_j)(x_{ij'} - \bar{x}_{j'}) ,$$

so lautet die Varianz der Kombination der Variablen

$$V(\boldsymbol{u}) = \sum_{j=1}^{p} \sum_{j'=1}^{p} u_j u_{j'} t_{jj'} = \boldsymbol{u}' \boldsymbol{T} \boldsymbol{u} ,$$

wobei $\boldsymbol{u}$ den Vektor mit den p Komponenten $u_1, \ldots, u_p$ und $\boldsymbol{T}$ die Kovarianzmatrix der p Variablen mit dem allgemeinen Element $t_{jj'}$ bezeichnen.

Wir wollen zeigen, daß sich diese Varianz $V(\boldsymbol{u})$ in eine Varianz innerhalb der Klassen und in eine Varianz zwischen den Klassen zerlegen läßt. Die Matrix $\boldsymbol{T}$

der *totalen Kovarianz* läßt sich offenbar in die Kovarianzmatrix $\boldsymbol{D}$ *in* den Klassen und in die Kovarianzmatrix $\boldsymbol{E}$ *zwischen* den Klassen zerlegen

$$\boldsymbol{u}'\boldsymbol{T}\boldsymbol{u} = \boldsymbol{u}'\boldsymbol{D}\boldsymbol{u} + \boldsymbol{u}'\boldsymbol{E}\boldsymbol{u}\,. \tag{33}$$

Das Problem, das zu lösen sich die Diskriminanzanalyse vornimmt, läßt sich daher wie folgt formulieren: unter sämtlichen Linearkombinationen von Variablen[18] suchen wir diejenigen, die eine *maximale äußere Varianz* (um die Unterschiede *zwischen* den Klassen hervorzuheben) und eine *minimale innere Varianz* (damit die Ausdehnung *in* den Klassen wohl abgegrenzt ist) besitzen. Diese Linearkombinationen werden die *Diskriminanzfunktionen.*

Es wird sich also darum handeln, $\boldsymbol{u}$ so zu suchen, daß der Quotient $\boldsymbol{u}'\boldsymbol{E}\boldsymbol{u}/\boldsymbol{u}'\boldsymbol{D}\boldsymbol{u}$ maximal (oder $\boldsymbol{u}'\boldsymbol{D}\boldsymbol{u}/\boldsymbol{u}'\boldsymbol{E}\boldsymbol{u}$ minimal) wird. Nach der Beziehung (33) wird es dazu äquivalent sein, $\boldsymbol{u}'\boldsymbol{T}\boldsymbol{u}/\boldsymbol{u}'\boldsymbol{E}\boldsymbol{u}$ zu minimieren oder

$$f(\boldsymbol{u}) = \boldsymbol{u}'\boldsymbol{E}\boldsymbol{u}/\boldsymbol{u}'\boldsymbol{T}\boldsymbol{u}$$

zu maximieren.

Als Auftakt werden wir die in (33) angezeigte Dekomposition der Matrix $\boldsymbol{T}$ angeben.

Dekomposition der Matrix $\boldsymbol{T}$

Die n Individuen werden in q Klassen eingeteilt. Die Klasse k wird durch eine Teilmenge I_k von n_k Werten des Index i charakterisiert, wohlverstanden mit

$$\sum_{k=1}^{q} n_k = n\,.$$

Mit $\bar{x}_{kj}$ bezeichnen wir das Mittel der Variablen j in der Klasse k:

$$\bar{x}_{kj} = \frac{1}{n_k} \sum_{i \in I_k} x_{ij}\,.$$

Für jede Variable j hat man die Beziehung

$$\bar{x}_j = \sum_{k=1}^{q} \frac{n_k}{n} \bar{x}_{kj}\,.$$

Die totale Kovarianz zwischen zwei Variablen j und j' kann man auch schreiben als

$$t_{jj'} = \frac{1}{n} \sum_{k=1}^{q} \left[\sum_{i \in I_k} (x_{ij} - \bar{x}_j)(x_{ij'} - \bar{x}_{j'}) \right].$$

[18] Geometrisch paßt man eine Linearkombination von Variablen einer Projektionsoperation auf einen Unterraum einer Dimension von $\mathbf{R}^p$ an.

Wie in der Varianzanalyse werden wir $t_{jj'}$ in die Summe von Kovarianzen im Innern der Klassen und Kovarianzen zwischen den Klassen zerlegen. Dafür gehen wir für jedes i, j, k von der Identität

$$(x_{ij} - \bar{x}_j) = (x_{ij} - \bar{x}_{kj}) + (\bar{x}_{kj} - \bar{x}_j)$$

aus. In dem Ausdruck für $t_{jj'}$ wird daher die Summe in den eckigen Klammern in vier Glieder zerlegt, von denen zwei verschwinden. Offenbar gilt nach Definition von $\bar{x}_{kj}$

$$\sum_{i \in I_k} (x_{ij} - \bar{x}_{kj})(\bar{x}_{kj'} - \bar{x}_{j'}) = (\bar{x}_{kj'} - \bar{x}_{j'}) \sum_{i \in I_k} (x_{ij} - \bar{x}_{kj}) = 0 .$$

In gleicher Weise haben wir

$$\sum_{i \in I_k} (\bar{x}_{kj} - \bar{x}_j)(x_{ij'} - \bar{x}_{kj'}) = 0 .$$

Es bleibt die sogenannte Dekompositionsformel von HUYGENS (oder Gleichung der Varianzanalyse) übrig

$$t_{jj'} = d_{jj'} + e_{jj'}$$

mit

$$d_{jj'} = \frac{1}{n} \sum_{k=1}^{q} \sum_{i \in I_k} (x_{ij} - \bar{x}_{kj})(x_{ij'} - \bar{x}_{kj'}) ,$$

$$e_{jj'} = \sum_{k=1}^{q} \frac{n_k}{n} (\bar{x}_{kj} - \bar{x}_j)(\bar{x}_{kj'} - \bar{x}_{j'}) ,$$

die wir in Matrixform aufschreiben wollen

$$\boldsymbol{T} = \boldsymbol{D} + \boldsymbol{E} . \qquad (34)$$

Die angekündigte Zerlegung der Varianzen von $u(i)$, wie sie durch Beziehung (33) gegeben wurde, läßt sich sofort aus der Beziehung (34) ableiten.

Berechnung der Diskriminanzfunktionen

Da die zu maximierende Funktion $f(\boldsymbol{u})$ in $\boldsymbol{u}$ homogen vom Grade 0 ist (d. h. invariant, falls $\boldsymbol{u}$ in $\gamma \boldsymbol{u}$, γ ein beliebiger Skalar, transformiert wird), läuft es auf dasselbe hinaus, wenn $\boldsymbol{u}'\boldsymbol{E}\boldsymbol{u}$ unter der Restriktion $\boldsymbol{u}'\boldsymbol{T}\boldsymbol{u} = 1$ maximiert wird.

Der Beweis ist analog zu dem in 1.1.2; wir müssen die Ableitung der Lagrange-Funktion bezüglich $\boldsymbol{u}$ gleich Null setzen:

$$2\boldsymbol{E}\boldsymbol{u} - 2\lambda \boldsymbol{T}\boldsymbol{u} = \boldsymbol{0} ,$$

woraus sich die Beziehung

$$\boldsymbol{E}\boldsymbol{u} = \lambda \boldsymbol{T}\boldsymbol{u} \tag{35}$$

ergibt. Im allgemeinen wird die Matrix $\boldsymbol{T}$ der totalen Kovarianzen invertierbar sein. Man kann daher

$$\boldsymbol{T}^{-1}\boldsymbol{E}\boldsymbol{u} = \lambda \boldsymbol{u}$$

schreiben. Multipliziert man beide Seiten von (35) von links mit $\boldsymbol{u}'$, so sieht man, daß $\lambda = \boldsymbol{u}'\boldsymbol{E}\boldsymbol{u}$ gilt. Somit ist λ das gesuchte Maximum, und $\boldsymbol{u}$ wird der *Eigenvektor* von $\boldsymbol{T}^{-1}\boldsymbol{E}$ in bezug auf *den größten Eigenwert* λ.

Wir bemerken, daß dieser größte Eigenwert λ als Quotient der äußeren Varianz der Diskriminanzfunktion durch die totale Varianz notwendig kleiner als 1 ist (s. (33)). Man nennt ihn hin und wieder die *Diskriminanzfähigkeit* der Funktion $\boldsymbol{u}$.

Bemerkung zu den Berechnungen

Die Matrix $\boldsymbol{T}^{-1}\boldsymbol{E}$ mit ihren p Zeilen und q Spalten ist nicht symmetrisch. Es ist möglich, sie auf die Diagonalisierung einer symmetrischen (q,p)-Matrix zurückzuführen (wir erinnern, daß p die Variablenanzahl und q die Klassenanzahl ist; sie ist im allgemeinen kleiner als p).

Offensichtlich kann man die Matrix $\boldsymbol{E}$ mit dem allgemeinen Element

$$e_{jj'} = \sum_{k=1}^{q} \frac{n_k}{n} (\bar{x}_{kj} - \bar{x}_j)(\bar{x}_{kj'} - \bar{x}_{j'})$$

als Produkt einer Matrix $\boldsymbol{C}$ mit p Zeilen und q Spalten mit ihrer Transponierten $\boldsymbol{C}'$ schreiben. Diese Matrix $\boldsymbol{C}$ hat dann das allgemeine Element

$$c_{jk} = \sqrt{\frac{n_k}{n}} (\bar{x}_{kj} - \bar{x}_j). \tag{36}$$

Mit der Zerlegung $\boldsymbol{E} = \boldsymbol{C}\boldsymbol{C}'$ lautet die Beziehung (35)

$$\boldsymbol{C}\boldsymbol{C}'\boldsymbol{u} = \lambda \boldsymbol{T}\boldsymbol{u}.$$

Wir setzen $\boldsymbol{u} = \boldsymbol{T}^{-1}\boldsymbol{C}\boldsymbol{v}$. Die Beziehung lautet dann

$$\boldsymbol{C}\boldsymbol{C}'\boldsymbol{T}^{-1}\boldsymbol{C}\boldsymbol{v} = \lambda \boldsymbol{C}\boldsymbol{v}. \tag{37}$$

Es ist klar, daß jeder zu einem von 0 verschiedenen Eigenwert λ gehörende Eigenvektor $\boldsymbol{v}$ der symmetrischen (q,q)-Matrix $\boldsymbol{C}'\boldsymbol{T}^{-1}\boldsymbol{C}$ zugleich (37) erfüllt. Also genügen der Vektor $\boldsymbol{u} = \boldsymbol{T}^{-1}\boldsymbol{C}\boldsymbol{v}$ und der Skalar λ der Beziehung (35).

Somit reicht es in der Praxis aus, die Diagonalisierung der symmetrischen Matrix $\boldsymbol{C}'\boldsymbol{T}^{-1}\boldsymbol{C}$ von der Ordnung (q,q) auszuführen und dann daraus $\boldsymbol{u}$ nach der Transformation $\boldsymbol{u} = \boldsymbol{T}^{-1}\boldsymbol{C}\boldsymbol{v}$ abzuleiten.

Jedenfalls werden wir sehen, daß es im Fall zweier Klassen nicht nötig ist, jene (2,2)-Matrix zu diagonalisieren.

Der Fall zweier Klassen

In diesem Fall, der in den Anwendungen oft vorkommt, treten zahlreiche Vereinfachungen auf. Die Diskriminanzanalyse ist dann ein Spezialfall der multiplen Regression, in dem die abhängige Variable nur zwei Werte annimmt, deren jeder eine Klasse charakterisiert.

Die Matrix $\boldsymbol{E}$ der Kovarianzen zwischen den Klassen hat das allgemeine Element

$$e_{jj'} = \frac{n_1}{n}(\bar{x}_{1j} - \bar{x}_j)(\bar{x}_{1j'} - \bar{x}_{j'}) + \frac{n_2}{n}(\bar{x}_{2j} - \bar{x}_j)(\bar{x}_{2j'} - \bar{x}_{j'})$$

mit

$$\bar{x}_j = \frac{n_1}{n}\bar{x}_{1j} + \frac{n_2}{n}\bar{x}_{2j}\,.$$

Ersetzt man $\bar{x}_j$ durch seinen Wert und zieht man die Relation $n_1 + n_2 = n$ in Betracht, so findet man unschwer

$$e_{jj'} = \frac{n_1 n_2}{n^2}(\bar{x}_{1j} - \bar{x}_{2j})(\bar{x}_{1j'} - \bar{x}_{2j'})\,.$$

Die symmetrische (p,p)-Matrix $\boldsymbol{E}$ ist somit das Produkt einer Spaltenmatrix $\boldsymbol{c}$ mit deren Transponierter $\boldsymbol{E} = \boldsymbol{cc}'$ mit

$$c_j = \frac{\sqrt{n_1 n_2}}{n}(\bar{x}_{1j} - \bar{x}_{2j})\,. \tag{38}$$

Also führt die Beziehung (35) auf $\boldsymbol{T}^{-1}\boldsymbol{cc}'\boldsymbol{u} = \lambda\boldsymbol{u}$, und wir erhalten nach Multiplikation beider Seiten von links mit $\boldsymbol{c}'$

Die symmetrische (p,p)-Matrix $\boldsymbol{E}$ ist somit das Produkt einer Spaltenmatrix $\boldsymbol{c}$ mit deren Transponierter $\boldsymbol{E} = \boldsymbol{cc}'$ mit

$$[\boldsymbol{c}'\boldsymbol{T}^{-1}\boldsymbol{c}]\,\boldsymbol{c}'\boldsymbol{u} = \lambda\boldsymbol{c}'\boldsymbol{u}\,.$$

Die Größe in den eckigen Klammern ist ein Skalar und folglich gleich λ, das hier ein eindeutiger Eigenwert von $\boldsymbol{T}^{-1}\boldsymbol{E}$ ist, weil $\boldsymbol{E}$ den Rang 1 hat:

$$\lambda = \boldsymbol{c}'\boldsymbol{T}^{-1}\boldsymbol{c}\,.$$

Dieser Wert heißt *verallgemeinerter Abstand* zwischen den beiden Klassen, und der entsprechende Eigenvektor $\boldsymbol{u} = \boldsymbol{T}^{-1}\boldsymbol{c}$ ist die eindeutige Diskriminanzfunktion.

Wir wollen nun eine lineare Anpassung ausführen, bei der die Beobachtungen der exogenen Variablen die p Spalten von $\boldsymbol{X}$ werden und die endogene Variable y nur zwei Werte annimmt:

$$y_i = \begin{cases} \sqrt{n_2/n_1}, & \text{falls das Individuum zur Klasse 1 gehört} \\ -\sqrt{n_1/n_2}, & \text{falls es zur Klasse 2 gehört.} \end{cases}$$

Der Vektor $\boldsymbol{a}_0$ der Ausgleichskoeffizienten wird

$$\boldsymbol{a}_0 = \boldsymbol{V}_{XX}^{-1}\boldsymbol{V}_{Xy} ,$$

mit

$$\boldsymbol{V}_{XX} = \boldsymbol{T} \qquad \text{und} \qquad \boldsymbol{V}_{Xy} = \boldsymbol{c} .$$

Somit fällt der Koeffizientenvektor $\boldsymbol{a}_0$ mit dem Vektor $\boldsymbol{u}$ der Komponenten der Diskriminanzfunktion zusammen. Wir bemerken, daß man für y_i zwei *beliebige* Werte hätte wählen können, z. B. 0 und 1; man hätte dann eine Proportionalität und nicht mehr eine Identität zwischen den Komponenten von $\boldsymbol{a}_0$ und denen von $\boldsymbol{u}$.

Zusammenhang mit der kanonischen Analyse

Wir wollen die Information bezüglich der Aufteilung der n Individuen auf q Klassen aufschlüsseln, indem wir eine Matrix $\boldsymbol{Z}$ mit n Zeilen und q Spalten derart konstruieren, daß das Element z_{yk} der k-ten Spalte von $\boldsymbol{Z}$ gleich 1 ist, falls das Individuum i zur Klasse k gehört, und gleich 0 im anderen Fall. M. a. W. (wie in der Kovarianzanalyse) fügen wir zu den Ausgangsvariablen $\boldsymbol{X}$ künstliche Variablen $\boldsymbol{Z}$ hinzu, die die Zugehörigkeit zu den verschiedenen Klassen anzeigen. Die p Spalten der beobachteten Variablen vom Untertableau $\boldsymbol{X}$ werden *zentriert* und mit $\hat{\boldsymbol{X}}$ bezeichnet. Wir setzen

$$\hat{x}_{yj} = x_{yj} - \bar{x}_j .$$

Die *kanonische Analyse* des Tableaus $[\hat{\boldsymbol{X}} \mid \boldsymbol{Z}]$ führt uns dazu, den Eigenvektor der Matrix

$$\boldsymbol{N} = (\hat{\boldsymbol{X}}'\hat{\boldsymbol{X}})^{-1}\hat{\boldsymbol{X}}'\boldsymbol{Z}(\boldsymbol{Z}'\boldsymbol{Z})^{-1}\boldsymbol{Z}'\hat{\boldsymbol{X}}$$

(s. 1.6.4) zu suchen.

Wir erklären die verschiedenen Elemente dieser Matrix, indem wir die spezielle Kodierung der Spalten von $\boldsymbol{Z}$ mit einkalkulieren.

— Die Matrix $\frac{1}{n}\hat{\boldsymbol{X}}'\hat{\boldsymbol{X}}$ ist gerade die weiter oben mit dem Buchstaben $\boldsymbol{T}$ bezeichnete Matrix der globalen Varianzen.

— $\boldsymbol{Z}'\boldsymbol{Z}$ ist eine Diagonalmatrix, und ihr k-tes Diagonalelement beträgt n_k als Bestand der k-ten Klasse. Tatsächlich gilt $\sum_{i=1}^{n} z_{ik}z_{ij} = \delta_{kj}n_k$, weil das Individuum i nicht sowohl der Klasse k als auch der Klasse j angehört; wäre $k = j$, so gäbe es genau so viele nicht verschwindende Glieder in der Summe, wie es Individuen in der Klasse k gibt.

— Die Matrix $\boldsymbol{G} = \hat{\boldsymbol{X}}'\boldsymbol{Z}$ mit p Zeilen und q Spalten hat

$$g_{jk} = n_k(\bar{x}_{kj} - \bar{x}_j)$$

zum allgemeinen Element, denn

$$g_{jk} = \sum_{i=1}^{n} \hat{x}_{ij} z_{ik} = \sum_{i=1}^{n} (x_{ij} - \bar{x}_j)\, z_{ik} = \sum_{i \in I_k} (x_{ij} - \bar{x}_j)\,.$$

Im Hinblick auf die Beziehung (36) kann man $g_{jk} = \sqrt{nn_k}\,c_{jk}$ und also $\boldsymbol{G} = \sqrt{n}\boldsymbol{C}(\boldsymbol{Z}'\boldsymbol{Z})^{1/2}$ schreiben, und diese letzteren Bemerkungen erlauben es uns dann, auch

$$\hat{\boldsymbol{X}}'\boldsymbol{Z}(\boldsymbol{Z}'\boldsymbol{Z})^{-1}\boldsymbol{Z}'\hat{\boldsymbol{X}} = n\boldsymbol{C}\boldsymbol{C}' = n\boldsymbol{E}$$

zu schreiben. Da $(\hat{\boldsymbol{X}}'\hat{\boldsymbol{X}})^{-1} = \boldsymbol{T}^{-1}/n$ ist, gelangt man schließlich zu

$$\boldsymbol{N} = \boldsymbol{T}^{-1}\boldsymbol{E}\,,$$

und der gesuchte Vektor $\boldsymbol{a}$ erfüllt durchaus die Beziehung (35)

$$\boldsymbol{E}\boldsymbol{a} = \lambda \boldsymbol{T}\boldsymbol{a}\,.$$

Wir können zugleich bemerken, daß man für beide Analysetypen dieselbe Normierungsbedingung hat $\boldsymbol{a}'\boldsymbol{T}\boldsymbol{a} = 1$.

Es gibt daher eine Übereinstimmung von *kanonischen Variablen* und *Diskriminanzfunktion*. Die Diskriminanzanalyse erscheint so als Spezialfall der kanonischen Analyse, falls die eine der beiden Mengen, die die Aufteilung der Menge der Individuen beschreibt, aus Booleschen Vektoren (bestehend aus Nullen und Einsen) gebildet wird.

Zusammenhang mit der Zuordnungsanalyse

Die beiden Blöcke $\boldsymbol{X}$ und $\boldsymbol{Z}$ der Datenmatrix $[\boldsymbol{X} \mid \boldsymbol{Z}]$ werden jetzt aus Booleschen Variablen gebildet, und jede beschreibt eine Einteilung von Individuen; mit $\mathscr{P}_X$ und $\mathscr{P}_Z$ wollen wir die entsprechenden Partitionen bezeichnen:

— $x_{ik} = 1$, falls das Individuum i zur Klasse k der Partition $\mathscr{P}_X$ gehört, sonst $x_{ik} = 0$.

— $z_{ik} = 1$, falls das Individuum i zur Klasse k der Partition $\mathscr{P}_Z$ gehört, sonst $z_{ik} = 0$.

In diesem Falle sind $\boldsymbol{X}'\boldsymbol{X}$ und $\boldsymbol{Z}'\boldsymbol{Z}$ *Diagonalmatrizen* und haben als k-tes Element die Bestände der Klasse k jeder Partition; die Matrix $\boldsymbol{X}'\boldsymbol{Z}$ ist gerade das $\mathscr{P}_X$ und $\mathscr{P}_Z$ kreuzende *Kontingenztableau.*

In Übereinstimmung mit den in der Zuordnungsanalyse gängigen Konventionen wollen wir bezeichnen:[19]

$f_{i.}$ = i-tes Diagonalelement der Matrix $\frac{1}{n}X'X$ mit $i \leqq p$.

$f_{.j}$ = j-tes Diagonalelement der Matrix $\frac{1}{n}Z'Z$ mit $j \leqq q$.

f_{ij} = erzeugendes Element von $\frac{1}{n}X'Z$ der Ordnung (p, q).

Wir erinnern an die 6.4 aufgestellten Formeln, die die kanonischen Variablen miteinander in Beziehung setzen:

$$a = \frac{1}{\lambda}(X'X)^{-1}X'Zb\,, \qquad b = \frac{1}{\lambda}(Z'Z)^{-1}Z'Xa\,;$$

ihre Komponenten lauten hier

$$a_i = \frac{1}{\lambda}\sum_{j=1}^{q}(f_{ij}/f_{i.})\,b_j\,, \qquad b_j = \frac{1}{\lambda}\sum_{i=1}^{p}(f_{ij}/f_{.j})\,a_i\,.$$

In dieser Form erkennt man die Formeln (20) und (21) aus 5.5 wieder, die in einer Zuordnungsanalyse die Koordinaten der beiden Punktwolken über derselben Faktorenachse miteinander in Beziehung setzen. Diese Identität der Formeln reicht aus, um festzustellen, daß eine Zuordnungsanalyse eine spezielle kanonische Analyse darstellt, falls die Tableaus X und Z die Indikatorvariablen der beiden Partitionen sind[20].

Die in der geometrischen Bemerkung in 1.6.4 eingeführten $\mathbf{R}_X$ und $\mathbf{R}_Z$ haben nun die erste Bisektrix gemeinsam[21]; ihr kleinster Winkel ist also gleich Null. Sie entspricht einem kanonischen Korrelationskoeffizienten, der gleich 1 ist. Dies ist der triviale Eigenwert, dem wir in der Zuordnungsanalyse schon begegnet sind, wenn die Zuordnungsanalyse in bezug auf den Koordinatenursprung und nicht in bezug auf den Schwerpunkt ausgeführt wurde (man hat dann $\lambda = 1$, $a_i = 1$ und $b_j = 1$ für jedes i und jedes j in den oben aufgeschriebenen Beziehungen). Das Zentrieren des Tableaus X läuft darauf hinaus, daß die Spalten-Punkte auf den zur ersten Bisektrix orthogonalen Unterraum projiziert werden. Also verändert diese Operation die nichttrivialen kanonischen Variablen nicht.

[19] Es ist zu bemerken, daß n hier der globale Bestand ist, während dieser in 1.5 mit k bezeichnet wird.

[20] Die erste kanonische Wurzel λ^2 ist identisch mit dem ersten Eigenwert, der weiter oben in der Zuordnungsanalyse mit λ bezeichnet wurde.

[21] Die Summe der Spalten von X und die Summe der Spalten von Z bilden den Vektor, dessen sämtliche Komponenten gleich 1 sind (erste Bisektrix in $\mathbf{R}^n$).

Die Zuordnungsanalyse erscheint als eine doppelte Diskriminanzanalyse, weil jeder Block in $[\boldsymbol{X} \mid \boldsymbol{Z}]$ eine Partition beschreibt. Diese Darstellung erlaubt es, direkt zu zeigen, daß die Eigenwerte der Zuordnungsanalyse als *kanonische Korrelationskoeffizienten* (oder Diskriminanzfähigkeiten) kleiner oder gleich 1 sind. Ferner könnte man die Eigenwerte der Zuordnungsanalyse in dieser Terminologie als Diskriminanzfähigkeit der Faktoren gegenüber den studierten Partitionen interpretieren.

1.6.6. Gültigkeit der Ergebnisse

Dieser Abschnitt gibt gewisse Antwortelemente auf die folgenden drei praktischen Fragen:

1) *Sind die durch die Faktorenanalyse extrahierten Unterräume signifikant im Sinne der Summandenstatistik?*
2) *Sind die erhaltenen Darstellungen stabil?*
3) *In welcher Form soll man die Ergebnisse darstellen, um sie leichter verständlich und auswertbar zu machen?*

Für die erste Frage bildet die *Unabhängigkeitshypothese* für die Zeilen oder Spalten des Tableaus einen geeigneten Anhaltspunkt: Könnten die erzeugten Eigenwerte bei der Analyse einer Zufallszahlentabelle herauskommen? Wir werden kurz sehen, in welchem Fall man eine Antwort geben kann.

Die zweite Frage betrifft eine weniger extreme Situation und entspricht einer häufiger auftretenden Sorge; sie wird im allgemeinen auf Simulationsrechnungen führen.

Schließlich wird man auf die dritte Frage antworten, indem man die Liste der Parameter rekapituliert, die die graphischen Darstellungen der Faktorenebenen notwendig begleiten.

Die Unabhängigkeitshypothese

Manchmal ist es wichtig zu wissen, ob die aus einer Analyse extrahierten Faktoren (aus einem statistischen Blickwinkel heraus) signifikant sind; das gilt besonders dann, wenn es sich darum handelt, die *Dimension* des Darstellungsunterraums zu wählen. Wann soll man die Extraktion von Faktoren stoppen?

Es gibt keine vollkommen klare Antwort auf diese Frage. Jedes klassische Testverfahren auf Eigenwerte (und damit auf die entsprechenden Faktoren) setzt voraus, daß A-priori-Hypothesen über die Verteilung des zu untersuchenden Tableaus gemacht werden. Sehr oft lassen sich diese Hypothesen in der Praxis nicht verifizieren, und in den seltenen Fällen, in denen die Hypothesen plausibel sind, führen sie auf unentwirrbare Rechnungen.

Indessen hängt die Verteilung der Eigenwerte (unter der Hypothese der gegenseitigen Unabhängigkeit aller Variablen) im Falle der *Ranganalyse* nur von den Dimensionen das Tableaus ab. Es ist daher möglich, durch Simulation zu einer angenäherten Tabellierung zu gelangen (vgl. Abb. 7 und 8 und Tab. 7).

Im Fall der *Zuordnungsanalyse* über Kontingenztafel hängt die Eigenwertverteilung (unter der Hypothese der Unabhängigkeit von Zeilen und Spalten) nur von der Dimension des Tableaus und dem Gesamtbestand ab. Die Verteilung der Unempfindlichkeitsrate hängt vom Bestand nicht ab. Genäherte Tabellen wurden

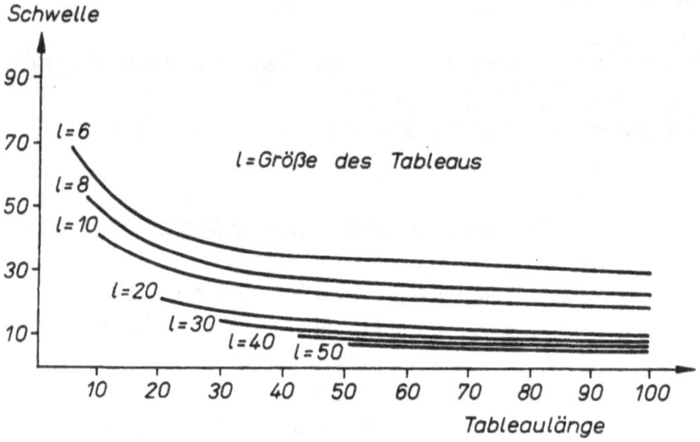

Abb. 13. Prozentsatzschwelle (0,05 einseitig) für die Unempfindlichkeit des größten Eigenwertes

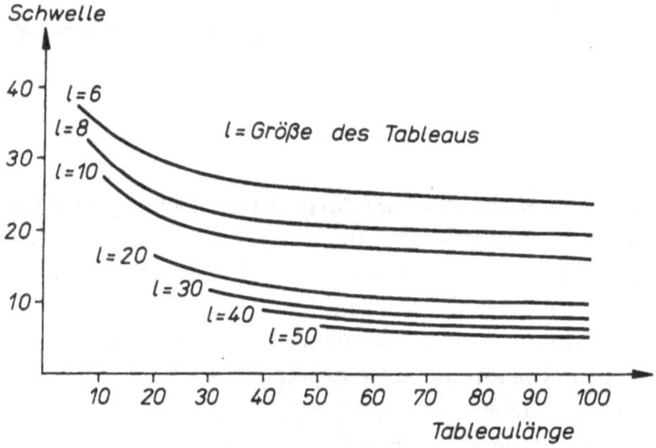

Abb. 14. Prozentsatzschwelle (0,05 einseitig) für die Unempfindlichkeit des zweitgrößten Eigenwertes

für Tableaus veröffentlicht, deren Dimensionen (50 × 100) nicht überschreiten. Sie betreffen die ersten fünf Eigenwerte und die entsprechenden Unempfindlichkeitsraten (s. LEBART, 1975; LEBART u. a. 1977).

Abb. 13 und 14 zeigen graphische Darstellungen, die einen Teil der Ergebnisse für die ersten beiden Eigenwerte zusammenfassen. Man ersieht z. B. aus Abb. 13, daß der erste Eigenwert für ein (10 × 10)-Tableau unter der Hypothese der Unabhängigkeit der Zeilen und Spalten des Tableaus in 5% der Fälle 40% der Unempfindlichkeit erreichen und übertreffen kann.

Eine Schwierigkeit ergibt sich aus der Tatsache, daß die Eigenwerte (und die Spur) signifikant sein können, ohne daß die Unempfindlichkeitsraten es sind. (Die Profil-Punkte können vom Mittelpunkt signifikant entfernt sein, aber die Punktwolke, die sie bilden, kann als „sphärisch" betrachtet werden.) Es ist daher wichtig, gleichzeitig *Spur* (globaler Unabhängigkeitstest) und *Unempfindlichkeitsrate* zu betrachten.

Stabilitätsberechnungen

Die Unabhängigkeit der Zeilen und der Spalten des analysierten Tableaus wird im allgemeinen eine zu starke Hypothese sein und daher leichter verworfen werden. Es ist oft viel interessanter, die *Stabilität der Formen* in den Faktorplänen zu verifizieren.

Das Prinzip dieser Gültigkeitsbeweise ist einfach: Man stört das Datentableau, indem man Fluktuationen oder Fehler nach einem vom Nutzer nach seiner Kenntnis der Phänomene und der Qualität der Messungen vorgegebenen Modell simuliert. Danach beobachtet man, wie die Netze der stabilen Zuordnungen aussehen und in welchem Maße die Faktorenachsen gestört sind. Dies gestattet es, diejenigen Formen, auf die sich die Interpretation konzentrieren muß, und die Dimension des Darstellungsunterraumes zu bestimmen.

Die simulierten Störungen können einem oder mehreren der folgenden Typen angehören:

— Erzeugung von *pseudo-zufälligen Meßfehlern* mit fixierten Verteilungen (z. B. gleichmäßige, Gaußsche, logarithmisch-normale usw.), um die Rückwirkung der Meßgenauigkeit auf die Ergebnisse zu überprüfen.
— Monoton deformierende *Variablenänderung* (z. B. $\log x$ und x^2 für $x > 0$) über den Ordinaldaten, um den Teil herauszufiltern, der nur von der *Ordnung* der Werte und nicht von der gewählten Stufe oder einer speziellen Kodierung abhängt.
— Zufällige Entnahmen aus einer Individuen- oder Variablen-*Stichprobe*, um eine mögliche Invarianz gegenüber der Zusammensetzung dieser Stichprobe oder der Variablendosierung ans Licht zu bringen.

— Ein anderer Typ für das *Ausnutzen der Nachbarschaft der Daten*: Modifikation der Gewichte für die Variablen oder die Individuen, Neueingruppierung der Eigenschaften gewisser Variablen, Eliminierung von als abweichend betrachteten Daten usw.

Diese Verfahren, die eine sehr spezifische und schwer in eine Norm zu bringende Programmierarbeit erfordern, erlauben es im allgemeinen, Hypothesen zu testen, die den Vorurteilen des Nutzers sehr nahe kommen.

Darstellung der Ergebnisse einer Faktorenanalyse

Nicht immer verdienen es die Ergebnisse einer Faktorenanalyse, veröffentlicht zu werden. Lohnend wird es stets dann sein, wenn sie die Form einer Bilddokumentation haben (etwa die Illustration kleiner Kontingenztafeln bei der Auswertung einer Untersuchung); ihr bescheidenster Beitrag besteht jedoch darin, die Lektüre bestimmter Tabellenwerke ein wenig lebendiger zu gestalten. Im Falle stärker ausgearbeiteter Untersuchungen wird man insbesondere die Faktorenebenen publizieren, die einen Bildausschnitt bieten oder eine spezielle Kritik der Daten zulassen. Der publikationswürdige Teil der Ergebnisse stellt im allgemeinen nur einen geringen Bruchteil der ausgeführten Rechnungen dar, die oft zahlreiche Vermutungen, partielle Gesichtspunkte und unausgeglichene oder verschobene Synthesen enthalten.

Wenn man mit der Anwendung dieser Methoden der deskriptiven mehrdimensionalen Statistik beginnt, könnte man meinen, sich völlig der Publikation von faktoriellen Graphiken enthalten zu können: diese Methoden sollen als Zwischenrechnungen dienen, um gewisse Ergebnisse aufzustellen, die danach durch eine direkte Durchsicht der unverfälschten Daten verifiziert werden. In Wirklichkeit würde das bedeuten, daß die wahre Natur der Daten schlecht eingeschätzt würde, die, wie man sagen kann, nicht in der Ordnung der groben Daten liegen und die nicht immer in die Sprache der elementaren Tabellierung übersetzbar sind (insbesondere, wenn sie das gleichzeitige Zusammenspiel einer bedeutenden Ansammlung von Variablen ausdrücken). Die durch die Faktorebenen gelieferten Abbildungen vermitteln Aussagen, bergen Vermutungen und bilden dadurch geschätzte *Kommunikationsinstrumente* zwischen den Forschern. Wie die Fotografie, die geographische Karte, elementare Diagramme und Skizzen haben sie ihren Platz in wissenschaftlichen Publikationen, stets unter der Bedingung, daß sie von Informationen begleitet sind, auf die man zur Präzisierung ihres Werts und ihrer Tragweite nicht verzichten kann.

Weiter unten wollen wir kurz diejenigen Rubriken aufzählen, die jede Analyse unbedingt begleiten müssen.

1) *Dimension des Tableaus*: Anzahl der Variablen und Individuen im Fall

einer Hauptkomponentenanalyse, Anzahl der Zeilen und Spalten im Fall der Zuordnungsanalyse einer Kontingenztafel[22].

2) *Natur und Kodierung des Tableaus.* Handelt es sich um stetige Zahlenmessungen, um 0-1-Kodierung, um disjunktive Kodierung, um Ordnungskodierung? Handelt es sich um Bestände, um Prozentsätze? Globale Einschätzung der Meßgüte.

3) *Variablenliste.* Es ist wichtig, eine Vorstellung von der Dosierung jedes Motivs, vom repräsentativen Charakter des Blocks der zur Analyse vorgesehenen Variablen zu haben. Es ist nicht möglich, über die Beweiskraft eines Faktors zu urteilen, ohne diese Liste zu kennen. Selbst wenn sie ohne Auslassungen in der Graphik erscheint, ist es gut, sie gesondert im Blick zu haben, begleitet von den entsprechenden statistischen Charakteristiken (Mittel der Bestände, eventuelle Standardabweichungen Variationskoeffizienten, relative Gewichte oder Prozentsätze).

4) *Beschreibung der Einteilung in aktive und illustrative Variablen* (oder aktive und illustrative Individuen), der die Hypothesen unterworfen sind. Die aktiven Variablen dienen der Berechnung eines Systems von Abständen zwischen den Individuen (oder, in allgemeinerer Form, die aktiven Spalten dienen zur Berechnung der Abstände zwischen den Zeilen), was dann die Berechnung der Faktorenachsen gestattet. Die illustrativen Variablen werden dann nacheinander nach der Bestimmung dieser Achsen auftreten. Insbesondere ist es wichtig, die Zusammensetzung des Blocks der aktiven Variablen zu belegen (denn diese treten gleichzeitig und nicht nacheinander auf): damit die Abstandsberechnungen erlaubt sind, ist hier eine gewisse Homogenität als Grundlage nötig. Selbstverständlich können bestimmte Variablengruppen abwechselnd die Rolle von aktiven und illustrativen Variablen spielen.

Wir erinnern daran, daß die angefertigte Graphik von der Analyse der aktiven Variablen nicht für sich selbst interessant sein kann und nur als roter Faden im Gewebe der verschiedenen Veranschaulichungen dienen kann. Einen Block von aktiven Variablen zu wählen bedeutet, einen speziellen Standpunkt einzunehmen. Auch das erfordert eine Begründung.

5) *Liste (bzw. Eintragung in die Graphik) der Eigenwerte und der Unempfindlichkeitsraten* (oder auch der Varianzprozentsätze). Die Eigenwerte sind lediglich im Falle einer Zuordnungsanalyse nützlich, und ein zu 1 benachbarter Eigenwert zeigt an, daß die simultane Darstellung von guter Qualität ist: die Elemente der einen Menge sind fast die Bary-Zentren der anderen. Die Unempfindlichkeitsraten können helfen, über die „statistische Signifikanz" eines Faktors zu urteilen. Man

[22] Anzahl der Fragen (und Gesamtanzahl der entsprechenden Eigenschaften) und Anzahl der Individuen in Fall multipler Zuordnungen, bei denen das Datentableau eine Kreuzung von Variablen in vollständig disjunktiver Form darstellt.

muß unbedingt bemerken, daß diese Unempfindlichkeitsraten selten einen Informationsprozentsatz darstellen[23].

Gleichzeitig mit den Eigenwerten kann man eventuelle *Stabilitätstests* nennen, bei denen es sich um empirische Versuche (wiederaufgenommene Analysen, wobei gewisse Variablen oder Individuen weggelassen werden, Analysen mit modifizierter Kodierung sowie Neugruppierung von Modalitäten, Änderung von Variablen usw.) oder um systematische Simulationen durch pseudo-zufällige Störung des Ausgangstableaus handelt.

6) *Interpretationshilfen: absolute und relative Beiträge.* Es wird nicht völlig zu umgehen sein, erschöpfende Listen dieser Parameter herauszubringen, was im allgemeinen sehr lästig ist. Man könnte einige absolute Beiträge (die anzeigen, wie eine Variable an der Konstruktion einer Achse beteiligt ist) anführen, um die eventuelle Charakterisierung der Achse zu stützen. Die sehr starken absoluten Beiträge (von der Größenordnung von etwa 40—50%) sind im allgemeinen verdächtig: sie übertragen ein gewisses Ungleichgewicht der Synthese. Falls sich die Achsen tatsächlich auf gewisse elementare Komponenten reduzieren, dann bedeutet dies gewissermaßen, daß als einziger hervorgebrachter struktureller Tatbestand die Heterogenität des Tableaus selbst zu gelten hat: bildlich gesprochen kann man sagen, daß die Achsen durch irgendwelche Zufälligkeiten oder „Klümpchen" angezogen wurden, da keine großen, zu bevorzugenden Ausdehnungsrichtungen gefunden wurden. Die relativen Beiträge können ohne Schaden stark sein: sie übertragen in diesem Falle die ausschließliche Charakterisierung der Achse durch eine Variable (die indessen auch nur bescheiden zur Konstruktion dieser Achse beitragen kann).

Eine vom statistischen Standpunkt aus „signifikative" Achse hat nicht notwendig eine Interpretation: im Gegenteil, man kann eine Interpretation in einer diagonalen Richtung finden oder hat einfache Eingruppierungen, deren Achsen selbst schlecht berechnet wurden.

7) *Graphische Einrichtung.* Eine gewisse Anzahl elementarer Verfahren erlaubt es, die Lektüre von Faktorenebenen klarer zu ermöglichen:

— man kann die natürlich geordneten Modalitäten durch Polygonzüge verbinden (Einkommensklassen, Alter, Anzahl der Kinder, Umfang der Aggregation usw.),

— man kann die Graphik auflockern, wenn man diejenigen Variablen eliminiert, deren Lage nicht „signifikativ" ist (im allgemeinen in der Nähe des Achsenursprungs gelegen).

8) *Allgemeine Interpretationsregeln.* Wir erinnern daran, daß die beiden Mengen in der Zuordnungsanalyse identische Rollen spielen: der Achsenursprung ist der

[23] Gegebenenfalls erinnern wir uns daran, daß es eine Eigenschaft der disjunktiven Kodierung ist, diese Rate ausnehmend niedrig zu halten (s. Lebart u. a., 1974).

Schwerpunkt sowohl der Zeilen- als auch der Spalten-Punkte. Im Gegensatz dazu ist der Koordinatenursprung bei den Hauptkomponenten nur für die Individuen der Schwerpunkt; somit können sämtliche Variablen über derselben Halbachse liegen. Man spricht also vom *Umfangsfaktor* (es gibt vor allem „große" Individuen für alle Variablen und „kleine" Individuen).

Die einzigen Nachbarschaften, deren Interpretation streng erlaubt ist, sind für die beiden Methoden die Verwandtschaften zwischen Elementen ein und derselben Menge. Diese Verwandtschaft sind umsomehr „signifikativ", je mehr man sich vom Achsenursprung nach der Peripherie der Graphik hin bewegt.

Was die *gekreuzten Nachbarschaften* betrifft, so wird man besonders die Lage eines Punkts einer Menge bezüglich aller Punkte der anderen Menge interpretieren (z. B. die Lage eines Zeilen-Punkts in bezug auf die aller Spalten-Punkte). Hier wird die Interpretation umso klarer, je weiter der Punkt vom Achsenursprung entfernt ist.

Man wird sich indessen hüten, bei der Interpretation die gekreuzten Nachbarschaften zwischen *Paaren* oder die Verwandtschaften in der Nachbarschaft des Ursprungs zu interpretieren (seien die Variablen nun aktiv oder zusätzlich).

Schließlich muß noch ein Wort zur Lektüre der Achsen einer Ordnung höher als 2 gesagt werden. Etwa bei der Interpretation der Ebene der Faktoren 3 und 4 muß man auf den *residuellen* Charakter der beobachteten Verwandtschaften achten: sie verstehen sich unter dem Aspekt: „Achsen 1 und 2 seien fixiert". Dieser korrigierende Charakter der Achse 3 ist klar, wenn man sich einer räumlichen Darstellung bedient, aber diese Lösung des Problems (die im allgemeinen nicht praktikabel ist) ist offensichtlich nicht auf die Achsen 4 usw. zu verallgemeinern.

Anhang 1

FORTRAN-Programme zum Kapitel 1

Dieser Anhang baut sich um zwei Hauptprogramme herum auf; das eine, ANACP, bewirkt eine Hauptkomponentenanalyse, das andere, ANACO, eine Zuordnungsanalyse. Der größte Teil ihrer Unterprogramme ist gemeinsam (vgl. Tab. A), und die verwendeten Bezeichnungen sind analog.

Außerhalb der Angaben über die Nützlichkeit, über deren Auflistung im Anhang 2 berichtet wird, der zudem auch noch weitere Notizen enthält, finden wir zuerst drei den Analysen gemeinsame Programme: LIRAF, das die Parameter und die Daten einliest; POUSS, das die Daten organisiert, indem es nacheinander die illustrativen Zeilen und Spalten des Datentableaus abstößt; EDIVP, das die Eigenwerte und deren Histogramme angibt. Darauf folgen zwei für die Hauptkomponentenanalyse spezifische Programme: CALFP das die Korrelationsmatrix diagonalisiert und die Koordinaten berechnet und COORP, das die Koordinaten der Variablen und Individuen auf den ersten Faktorenachsen angibt. Die analogen Programme für die Zuordnungsanalyse sind CALFC, das die zu diagonalisierende Matrix, die Koordinaten und die Abstände zum Schwerpunkt berechnet und COORC, das die Koordinaten der Zeilen und Spalten sowie die relativen und absoluten Beiträge angibt.

Diese Programme sind weder allgemein noch optimal. Sie sind dazu bestimmt, die Verkettungen von Rechnungen und Ausgabe in strenger Weise zu veranschaulichen.

LIRAF: Einlesen der Parameter und der Daten für eine Faktorenanalyse

- Reihenfolge der Aufrufe: LIRAF (NDIM, KDIM, NTOT, N, KTOT, K, KVVP, NGRAF, NPAGE, NLIGN, PEX, F, KODI, KODJ, IDI, IDJ)
- Dimensionierte Tableaus beim Aufruf: (NDIM majorisiert NTOT; KDIM majorisiert KTOT)
  F(NDIM,KDIM); IDI(NDIM); IDJ(KDIM); KODI(NDIM); KODJ(KDIM)
- Kommentar:

Das Programm liest Analyseparameter wie auch Daten ein; es wird für jede spezielle Anwendung nach Bedarf modifiziert. Beim Eingang ist NDIM eine

	Haupt-komponenten	gemeinsame Programme	Zuordnungs-analyse
Hauptprogramm	ANACP		ANACO
Einlesen von Parametern und Daten		LIRAF	
Organisation der Daten		POUSS [PERMX]	
Datenausgabe		KLICO	
Zu diagonalisierende Matrix und andere Rechnungen	CALFP [CORRL] [COMAJ]		CALFC
Diagonalisierung		[VVPRO]	
Ausgabe der Eigenwerte		EDIVP	
Ausgabe der Koordinaten	COORP		COORC
Zeichnung der Faktorebenen		GPLAN [EPUR4] [BORNS]	
Andere Interpretationshilfen			AIDAC [SHELK] [PERMX] [KLICO]
	ENDE		ENDE

Tabelle A

Majorante der Gesamtzeilenzahl des Datentableaus und KDIM eine Majorante der Gesamtspaltenanzahl des Tableaus.

Karte 1 (nach 4I4) genaue Dimensionen der Analyse:
NTOT = Gesamtzeilenanzahl (aktive + illustrative)
N = Zahl der aktiven Zeilen (N ≦ NTOT)
KTOT = Gesamtspaltenanzahl (aktive + illustrative)
K = Zahl der aktiven Spalten (K ≦ KTOT)
(generell K ≦ N, KTOT ≦ NTOT)

Karte 2 (nach 80I1) Wahl der aktiven Zeilen:
Nur, wenn es illustrative Zeilen (Spalten) gibt, d. h., wenn N < NTOT oder K < KTOT. Man locht eine 1 in die Spalte K, falls die K-te Zeile aktiv ist; wenn nicht, locht man eine Ø. Ansonsten werden die aktiven Zeilen am Kopf, die illustrativen am Ende des Tableaus untergebracht.

Karte 3 (nach 80I1) Wahl der aktiven Spalten:
Dieselbe Darstellung wie bei Karte 2 für die Spalten.

Karte 4 (nach 4I4, F4.1) verschiedene Parameter:
KVVP = Anzahl der erforderlichen Faktoren. — Vorsicht! Man muß KVVP ≦ KFAC haben, wobei KFAC ein Parameter ist, dessen Dimensionierung im Hauptprogramm (hier KFAC = 10) definiert ist. Darüber hinaus wird man KVVP ≦ K für eine Hauptkomponentenanalyse und KVVP ≦ K — 1 für eine Zuordnungsanalyse nehmen (K ist die Anzahl der aktiven Spalten).
NGRAF = Anzahl der erforderlichen Zeichenebenen (simultane Darstellung von Zeilen und Spalten). Man nimmt NGRAD ≦ KVVP — 1; ist NGRAF = J, so erhält man die Ebenen (1, 2); (2, 3); . . .; (J, J + 1).
NPAGE = Anzahl der Seiten für jede Zeichnung. Man wählt NPAGE = 1 oder NPAGE = 2.
NLIGN = Anzahl der Zeilen für jede Zeichnung. Es empfiehlt sich NLIGN = 58, falls NPAGE = 1 und NLIGN = 118, falls NPAGE = 2. Ist NLIGN = 0, so ist die Anzahl der Zeilen dazu bestimmt, daß auf beiden Achsen dieselbe Skaleneinteilung gesichert ist.
PEX = Anzahl der Standardabweichungen (Streuung der Punkte auf einer Achse), auf deren Grundlage man über die Positionierung der entfernten Punkte in der Richtung, in der man sie finden muß, entscheidet (es empfiehlt sich PEX = 2.5).

Karte 5 (nach 20A4) Identifikatoren der KTOT Spalten nach A4 in der Einleseordnung der Spalten.

Karte 6 (nach 20A4) Einleseformat einer Datenzeile mit deren Identifikator nach A4 am Kopf.

Karte 7 und folgende (nach dem Format von Karte 6): die Daten, Zeile für Zeile.

POUSS: Datenorganisation (aktive und illustrative)

- Reihenfolge der Aufrufe: POUSS (MDIM, NDIM, NTOT, KTOT, N, K, KODI, KODJ, F, IDI, IDJ, ID)
- Dimensionierte Tableaus beim Aufruf: F(NDIM,KTOT); IDI(NTOT); IDJ(KTOT); KODI(NTOT); KODJ(KTOT); ID(MDIM).
- Aufgerufenes Programm: PERMX
- Kommentar:

Das Programm bewirkt eine Permutation des Datentableaus, die die aktiven Zeilen und Spalten an den „Kopf" und die illustrativen Zeilen und Spalten an den „Schwanz" des Tableaus bringt.

Beim Eingang geben NTOT und KTOT die Gesamtdimensionen des Datentableaus F(*, *) an; NDIM majorisiert NTOT, und MDIM majorisiert die größere von NTOT und KTOT; es gibt N und K aktive Elemente. Die aktiven Zeilen werden in KODI(*) mit einer 1, die illustrativen mit einer ∅ markiert; KODJ(*) identifiziert in gleicher Weise die aktiven und die allustrativen Spalten. IDI(NTOT) und IDJ(KTOT) enthalten die Identifikatoren für die Zeilen und die Spalten; ID(MDIM) ist ein Hilfsvektor.

Beim Ausgang sind die Daten in F(NTOT, KTOT) permutiert, wobei die ersten N Zeilen die aktiven Zeilen in der beim Einlesen der NTOT Zeilen in ihrer Reihenfolge vorgefundenen Ordnung stehen; genauso verhält es sich mit den ersten K aktiven Spalten (Aufruf von PERMX). Die Identifikatoren in IDI(NTOT) und IDJ(KTOT) werden derselben Permutation unterzogen.

EDIVP: Ausgabe der Eigenwerte und ihrer Histogramme

- Reihenfolge der Aufrufe: EDIVP (MODE, M, VP, SPUR)
- Dimensioniertes Tableau beim Aufruf: VP(M)
- Kommentar:

Die M Eigenwerte sind in VP(M); SPUR ist die Summe der Eigenwerte. Das Programm gibt die numerierten Werte von MODE bis M aus und druckt das horizontale Histogramm.

ANACP: Hauptprogramm der Hauptkomponentenanalyse

Das Programm ANACP überwacht und steuert die Ausführung einer Hauptkomponentenanalyse: Einlesen der Daten, Berechnung und Ausgabe der Ergebnisse. Zuerst wird die Reservierung des verwendeten Hauptspeichern dadurch bewirkt, daß hier die folgenden Grenzen fixiert werden (als Beispiel):

NDIM = 100 Majorante der Zeilenanzahl (aktive und illustrative)
KDIM = 60 Majorante der Spaltenanzahl (aktive und illustrative)
MDIM = 161 Gesamtmajorate für Zeilen und Spalten
KFAC = 10 Majorante der Anzahl der zu extrahierenden Faktoren

Die dimensionierten Tableaus sind:

F(NDIM,KDIM): Datentableau, eingelesen durch LIRAF und in Abhängigkeit von den aktiven Elementen, permutiert durch POUSS.

IDI(NDIM), IDJ(KDIM): Zeilen- und Spaltenidentifikatoren, eingelesen durch LIRAF und permutiert durch POUSS.

S(KDIM,KDIM): Korrelationsmatrix, berechnet, danach diagonalisiert (also gelöscht) in CALFP.

VP(KDIM): Liste der fallend geordneten Eigenwerte von S, berechnet in CALFP.

U(NDIM,KFAC); V(KDIM,KFAC): Tableau der Koordinaten über den Faktoren von Zeilen und Spalten, berechnet durch CALFP.

KODI(NDIM), KODJ(KDIM): 0-1-Indikatoren für die aktiven Elemente, eingelesen in LIRAF.

FI(NDIM), DI(NDIM), FJ(KDIM), X(MDIM), Y(MDIM), ID(MDIM): Hilfsvektoren.

Das Programm ruft LIRAF auf. Dieses liest die verschiedenen Analyseparameter (Dimensionen und Optionen) sowie die Daten und Identifikatoren nach A4 auf die Karten. Das Programm POUSS organisiert die Daten und Identifikatoren, damit sich die aktiven Elemente „an der Spitze" befinden; die Daten werden allerdings durch KLICO ausgegeben. Danach werden die Rechnungen durch CALFP ausgeführt. Das Programm EDIVP gibt die den Faktoren zugeordneten Eigenwerte aus, und COORP bereitet das Tableau der Koordinaten für Zeilen und Spalten über den ersten sechs Faktorenachsen auf. Schließlich ruft das Programm GPLAN auf, damit die Faktorenebenen in der Ordnung (1,2), (2,3); (3,4) usw. aufgezeichnet werden. Die vollständige Liste der aufgerufenen Unterprogramme erscheint am Kopf des Ausdrucks.

CALFP: Ausführung der Berechnung einer Hauptkomponentenanalyse

- Reihenfolge der Aufrufe: CALFP (NDIM, KDIM, NTOT, N, KTOT, K, KVVP, F, FI, FJ, S, VP, U, V, DI, IDJ)
- Dimensionierte Tableaus beim Aufruf: F(NDIM,KTOT); S(KDIM,KTOT); U(NDIM,KVVP); V(KDIM,KVVP); FI(NTOT); DI(NTOT); FJ(KTOT); IDJ(KTOT); VP(K).
- Aufgerufene Programme: CORRL (und damit COMAJ); KLICO; VVPRO.
- Kommentar:

Die Dimensionsparameter nach Eingabe NDIM, KDIM, NTOT, N, KTOT, K und KVVP werden in ANACP und LIRAF definiert. Die eventuell permutierten Daten stehen in F(NTOT,KTOT).

Das Programm berechnet mittels CORRL die Matrix der Korrelationen zwischen sämtlichen (aktiven und illustrativen) Variablen, ausgehend allein von den aktiven Individuen; diese Matrix S(KTOT,KTOT) wird durch KLICO ausgegeben. Danach wird die den aktiven Variablen entsprechende Untermatrix S(K,K) durch VVPRO diagonalisiert.

Am Ausgang enthält S(K,K) die den in absteigender Folge geordneten Eigenwerten VP(K) entsprechenden Eigenvektoren. In FI(KTOT) und FJ(KTOT) findet man die Mittelwerte und Standardabweichungen sämtlicher (aktiver wie illustrativer) Variablen. In U(NTOT,KVVP) und V(KTOT,KVVP) befinden sich die Koordinaten über den KVVP ersten Faktoren mit den aktiven Elementen an der Spitze. DI(NTOT) und IDJ(KTOT) sind Hilfsvektoren.

COORP: Ausgabe der Koordinaten in einer Hauptkomponentenanalyse

- Reihenfolge der Aufrufe: COORP (NDIM, KDIM, NTOT, N, KTOT, K, KVVP, U, V, FI, FJ, IDI, IDJ).
- Dimensionierte Tableaus beim Aufruf: U(NDIM,KVVP); V(KDIM,KVVP); FI(KTOT); FJ(KTOT); IDI(NTOT); IDJ(KTOT).
- Kommentar:

Beim Eingang sind die Dimensionsparameter NDIM, KDIM, NTOT, N, KTOT, K und KVVP in ANACP und LIRAF definiert. Die Koordinaten der Zeilen und Spalten sind in U(NTOT,KVVP) und V(KTOT,KVVP). Die Mittelwerte und Abweichungstypen der Variablen stehen in FI(KTOT) und FJ(KTOT). Schließlich enthalten IDI(NTOT) und IDJ(KTOT) die Identifikatoren der Zeilen und Spalten nach A4.

ANACO: Hauptprogramm der Zuordnungsanalyse

Das Programm ANACO steuert die Ausführung einer Zuordnungsanalyse: Einlesen der Daten, Berechnung und Ausgabe der Ergebnisse. Zuerst wird die Bereitstellung des für die Arbeit benötigten zentralen Speichers bewirkt, indem hier die folgenden Schranken (als Beispiel) festgelegt werden:
NDIM = 100 Majorante der Zeilenanzahl (aktive wie illustrative)
KDIM = 60 Majorante der Spaltenanzahl (aktive wie illustrative)
MDIM = 161 Majorante für die Gesamtzahl von Zeilen und Spalten
LDIM = 40 Majorante der Anzahl der aktiven Spalten
KFAC = 10 Majorante für die Anzahl der berechneten Eigenwerte.

- Die dimensionierten Tableaus sind:

F(NDIM,KDIM) = Datentableau, eingelesen durch LIRAF und in Abhängigkeit von den aktiven Elementen mittels POUSS permutiert.

IDI(NDIM), IDJ(KDIM) = Zeilen- und Spaltenidentifikatoren, eingelesen durch LIRAF und permutiert durch POUSS.

S(LDIM,LDIM) = zu diagonalisierende Matrix, berechnet und behandelt in CALFC.

VP(LDIM) = fallend geordnete Liste der Eigenwerte von S, berechnet in CALFC mittels VVPRO.

U(NDIM,KFAC), V(KDIM,KFAC) = Tableaus der Koordinaten der Zeilen und Spalten über den Faktoren, berechnet durch CALFC.

KODI(NDIM), KODJ(KDIM) = 0-1-Indikatoren für die aktiven Elemente, eingelesen in LIRAF.

FI(NDIM), FJ(KDIM) = relative Gewichte der Zeilen und Spalten, berechnet durch CALFC.

DI(NDIM), DJ(KDIM) = Abstandsquadrate von Zeilen und Spalten im Schwerpunkt, berechnet durch CALFC.

X(MDIM), Y(MDIM), ID(MDIM) = Hilfsvektoren.

Das Programm ruft LIRAF auf. Dieses liest die verschiedenen Analyseparameter (Dimensionen und Optionen) sowie auch die Daten und die Identifikatoren nach A4 in die Kartei ein. Das Programm POUSS organisiert die Daten und die Identifikatoren, damit sich die aktiven Elemente „an der Spitze“ befinden; die Daten werden allerdings durch KLICO ausgegeben. Das Programm CALFC berechnet die Ränder des Tableaus und die zu diagonalisierende symmetrische Matrix; es bewirkt die Diagonalisierung, berechnet die Abstände zum Schwerpunkt und die Koordinaten über den ersten Faktoren. Die Eigenwerte werden mittels EDIVP ausgegeben, wobei der erste Eigenwert, der gleich 1 ist, weggelassen wird (der entsprechende Eigenvektor wird für die Berechnung der Koordinaten eliminiert). Das Programm COORC gibt die Koordinaten aus und berechnet die absoluten und relativen Beiträge der verschiedenen Elemente. Daraufhin zeichnet GPLAN die Faktoren in der Ordnung (1,2); (2,3); (3,4) usw. Schließlich gibt das Programm AIDAC die Profile der in der Reihenfolge, wie sie sich auf die erste Achse projizieren, geordneten Daten in Zeilen und Spalten aus. Die vollständige Liste der verwendeten Unterprogramme erscheint am Kopf des Ausdrucks.

CALFC: Ausführung der Berechnung einer Zuordnungsanalyse

- Reihenfolge der Aufrufe: CALFC (LDIM, NDIM, NTOT, N, KDIM, KTOT, K, KVVP, F, FI, FJ, S, VP, VPTOT, U, V, DI, DJ)
- Dimensionierte Tableaus beim Aufruf: F(NDIM,KTOT); S(LDIM,K); U(NDIM,KVVP); V(KDIM,KVVP); FI(NTOT); FJ(KTOT); VP(K); DI(NTOT); DJ(KTOT).
- Aufgerufenes Programm: VVPRO.
- Kommentar:

Die Dimensionsparameter beim Eingang LDIM, NDIM, NTOT, N, KDIM, KTOT, K und KVVP sind in ANACO und LIRAF definiert; in F(NTOT,KTOT) befinden sich die Daten mit den aktiven Elementen an der Spitze: F(N,K).

Beim Ausgang sind FI(NTOT) und FJ(KTOT) die relativen Gewichte von Zeilen und Spalten. In S(K,K) befinden sich die Eigenvektoren der symmetrischen Matrix

$$s_{jj'} = \sum_{i=1}^{n} \frac{1}{f_{i.}} \frac{f_{ij} f_{ij'}}{\sqrt{f_{.j} f_{.j'}}},$$

und in VP(K) die in absteigender Folge angeordneten Eigenwerte (Aufruf von Programm VVPRO). Der erste Eigenwert, der gleich 1 ist, und der entsprechende Eigenvektor werden zur Berechnung der Koordinaten über den ersten KVVP Achsen eliminiert. Diese Koordinaten werden in U(NTOT,KVVP) und V(KTOT, KVVP) so angeordnet, daß die aktiven Elemente an der Spitze stehen. In DI(NTOT) und DJ(KTOT) befinden sich die Abstandsquadrate von den Schwerpunkten der beiden Punktwolken.

COORC: Ausgabe der Koordinaten und Beiträge (Zuordnungsanalyse)

- Reihenfolge der Aufrufe: COORC (NDIM, NTOT, N, KDIM, KTOT, K, KVVP, VP, U, V, FI, FJ, DI, DJ, IDI, IDJ).
- Dimensionierte Tableaus beim Aufruf: U(NDIM,KVVP); V(KDIM,KVVP); VP(K); DI(NTOT); DJ(KTOT); FI(NTOT); FJ(KTOT); IDI(NTOT); IDJ (KTOT).
- Kommentar:

Von NDIM bis KVVP werden die Dimensionsparameter in ANACO und LIRAF definiert. Die Tableaus VP, U, V, FI, FJ, DI und DJ sind die Ausgänge von CALFC. In IDI(NTOT) und IDJ(KTOT) befinden sich die Identifikatoren von Zeilen und Spalten nach A4.

Das Programm gibt die Koordinaten der aktiven wie auch der illustrativen Elemente über den ersten 6 Faktoren an; es bewirkt die Berechnung der absoluten und relativen Beiträge über diesen Faktoren und sichert deren Ausgabe.

AIDAC: Ausgabe der Profile, angeordnet nach einem Faktor der Zuordnungsanalyse

- Reihenfolge der Aufrufe: AIDAC (MDIM, NDIM, KDIM, N, K, KVVP, KOL, F, IDI, IDJ, U, V, KODI, KODJ, FI, FJ, ID).
- Dimensionierte Tableaus beim Aufruf: F(NDIM,K); U(NDIM,KVVP); V(KDIM,KVVP); IDI(N); IDJ(K); KODI(N); KODJ(K); FI(N); FJ(K); ID(MDIM).

- Aufgerufene Programme: SHELK; PERMX; KLICO.
- Kommentar:

Die Parameter von MDIM bis KVVP sind in ANACO und LIRAF definiert. Es ist erforderlich, die Daten in F(N,K) zu permutieren, damit die Zeilen in der Reihenfolge steigender, in der Spalte KOL von U(N,KVVP) enthaltener Werte und die Spalten in der Reihenfolge steigender, in der Spalte KOL von V(K,KVVP) enthaltener Werte steigender, in der Spalte KOL von V(K,KVVP) enthaltener Werte erscheinen. Nach der Ausführung wird das Tableau F(*,*) permutiert; die Identifikatoren nach A4 in IDI(N) und IDJ(K) folgen derselben Permutation. Das Programm gibt die Profile des permutierten Tableaus in Zeilen und Spalten aus.

BORNS; COMAJ; CORRL; EPUR4; GPLAN; KLICO; PERMX; SHELK; VVPRO	andere aufgerufene Programme

Das Programm CORRL (das COMAJ aufruft) wird von ANACP verwendet, um die Matrix der Korrelationen zwischen den Variablen zu berechnen. Das Programm SHELK wird von AIDAC und also durch ANACO aufgerufen. Die anderen Programme werden für die beiden Analysen verwendet: KLICO gibt verschiedene Tableaus aus; GPLAN (das EPUR4 und BORNS aufruft) zeichnet die graphischen Darstellungen; PERMX permutiert gewisse Tableaus und VVPRO bewirkt die Diagonalisierungen.

```
      SUBROUTINE LIRAF ( NDIM, KDIM, NTOT, N, KTOT, K, KVVP,
     1      NGRAF, NPAGE, NLIGN, PEX, F, KODI, KODJ, IDI, IDJ )
C* * * * * * * * * * * * * * * * * * * * * * * * * * * * * * *
C          EINLESEN DER DATEN UND PARAMETER ZUR FAKTORENANALYSE
C ZEILEN=NTOT,N  SPALTEN=KTOT,K  (TOTALE UND AKTIVE)
C MAJOR.=NDIM,KDIM
C KODI(NTOT), KODJ(NTOT)=PERMUTATIONSINDIKATOREN 1=AKTIV
C Ø=ILLUSTRATIV
C KVVP=ANZAHL DER GEFORDERTEN FAKTOREN
C NGRAF ÜBER NPAGE(=1 ODER 2) UND  NLIGN , MIT UMRAHMUNG NACH
C PEX STANDARDABWEICHUNGEN
C IDI(NTOT), IDJ(KTOT)=IDENTIFIKATOREN NACH A4,
C F(NTOT,KTOT)=DATEN
C* * * * * * * * * * * * * * * * * * * * * * * * * * * * * * *
      COMMON /ENSOR/ LEC,IMP
      DIMENSION F(NDIM,KDIM), IDI(NDIM), IDJ(KDIM)
      DIMENSION KODI(NDIM), KODJ(KDIM), FMT(2Ø)
```

```
C .......... EXAKTE DIMENSIONEN DER ANALYSE
      READ (LEC,5ØØ)  NTOT, N, KTOT, K
      WRITE (IMP,61Ø)  NTOT, N, KTOT, K
C .......... AUSWAHL DER AKTIVEN ZEILEN UND SPALTEN (EVENTUELL)
        DO 5    I = 1, NTOT
      5 KODI(I)    = I
        DO 6    J = 1, KTOT
      6 KODJ(J)    = J
        IF (NTOT .EQ. N)                     GO TO  1Ø
      READ (LEC,52Ø)  (KODI(I), I=1,NTOT)
      WRITE (IMP,63Ø) (KODI(I), I=1,NTOT)
     1Ø  IF (KTOT .EQ. K)                    GO TO  2Ø
      READ (LEC,52Ø)  (KODJ(J), J=1,KTOT)
      WRITE (IMP,64Ø) (KODJ(J), J=1,KTOT)
     2Ø  CONTINUE
C .......... VERSCHIEDENE PARAMETER
      READ (LEC,51Ø)  KVVP, NGRAF, NPAGE, NLIGN, PEX
        IF (NGRAF .GT. (KVVP-1))             NGRAF=KVVP-1
      WRITE(IMP,62Ø) KVVP,NGRAF, NPAGE, NLIGN, PEX
C .......... IDENTIFIKATOREN DER KTOT SPALTEN NACH A4
      READ (LEC,53Ø)  (IDJ(J),  J=1,KTOT)
C .......... EINLESEFORMAT EINER ZEILE
      READ (LEC,53Ø)  (FMT(L),  L=1,2Ø)
      WRITE (IMP,65Ø) (FMT(L),  L=1,2Ø)
C .......... EINLESEN PRO ZEILE MIT IHREM IDENTIFIKATOR
        DO 3Ø    I = 1,NTOT
   3ØREAD (LEC,FMT)  IDI(I), (F(I,J), J=1,KTOT)
  5ØØFORMAT (6I4)
  51ØFORMAT (4I4, F4.1)
  52ØFORMAT (8ØI1)
  53ØFORMAT (2ØA4)
  61ØFORMAT (1HØ, 14HZEILEN  NTOT=,I4, 5H  N=,I4,  1ØX,
     1      8HSPALTEN, 8H KTOT=,I4,  5H  K=,I4 / )
  62ØFORMAT (1HØ,38HPARAMETER/KVVP NGRAF NPAGE NLIGN PEX/,
     1      5X,4I5, F5.1)
  63ØFORMAT (1HØ,39HAKTIVE ZEILEN (1) ODER ILLUSTRATIVE (Ø)/
     1      1H ,1ØØ/I1,/1H ,1ØØI1)
```

```
  64ØFORMAT (1HØ,41HAKTIVE (1) ODER ILLUSTRATIVE (Ø) SPALTEN/
     1      1H ,1ØØI1/1H ,1ØØI1 / )
  65ØFORMAT (1HØ17HEINLESEFORMAT, 1ØX,2ØA4/)
      RETURN
      END

      SUBROUTINE POUSS (MDIM,NDIM,NTOT,KTOT,N,K,KODI,KODJ,F,IDI,
     1                  IDJ,ID)
C * * * * * * * * * * * * * * * * * * * * * * * * * * * * * * *
C PERMUTATION IN-SITU VON F(NTOT,KTOT) UND IDI(NTOT), IDJ(KTOT)
C       MDIM MAJORISIERT NTOT+KTOT    NDIM MAJORISIERT NTOT
C       ID(MDIM)=HILFSVEKTOR
C       KODI(NTOT)  KODJ(KTOT)=INDIKATOREN NACH Ø/1 (1=AM DER
C       SPITZE,  Ø=AM ENDE)
C AUFRUF  ...  PERMX
C * * * * * * * * * * * * * * * * * * * * * * * * * * * * * * *
      DIMENSION F(NDIM,KTOT), IDI(NTOT), IDJ(KTOT), KODI(NTOT),
      DIMENSION KODJ(KTOT), ID(MDIM)
        IF (NTOT .EQ. N)                          GO TO 4Ø
      IA      = Ø
      IS      = N
        DO 2Ø          I = 1,NTOT
        IF (KODI(I) .NE. 1)                       GO TO 1Ø
      IA      = IA + 1
      KODI(I) = IA
      ID(IA)  = IDI(I)
                                                  GO TO 2Ø
   1Ø IS      = IS + 1
      KODI(I) = IS
      ID(IS)  = IDI(I)
   2Ø   CONTINUE
        DO 3Ø          I = 1,NTOT
   3Ø IDI(I)  = ID(I)
   4Ø   IF (KTOT .EQ. K)                          GO TO 8Ø
      JA      = Ø
      JS      = K
        DO 6Ø          J = 1,KTOT
        IF (KODJ(J) .NE. 1)                       GO TO 5Ø
```

```
      JA      = JA + 1
      KODJ(J) = JA
      ID(JA)  = IDJ(J)
                                              GO TO 6Ø
   5Ø JS      = JS + 1
      KODJ(J) = JS
      ID(JS)  = IDJ(J)
   6Ø   CONTINUE
        DO 7Ø          J = 1,KTOT
   7Ø IDJ(J)  = ID(J)
   8Ø CALL  PERMX (NDIM, NTOT, KTOT, F, KODI, KODJ )
        RETURN
        END


      SUBROUTINE EDIVP ( MODE, M, VP, SPUR )
C * * * * * * * * * * * * * * * * * * * * * * * * * * * * * * * *
C AUSGABE DER EIGENWERTE (VP(J), J=MODE,M) DEREN SPUR DIE
C SUMME IST
C * * * * * * * * * * * * * * * * * * * * * * * * * * * * * * * *
      COMMON /ENSOR/ LEC,IMP
      DIMENSION VP(M)
      DATA SCHWARZ /1H./
      WRITE ( IMP,6ØØ )  SPUR
      CUMUL = Ø.Ø
        DO 1Ø            L = MODE,M
      POURC = 1ØØ.Ø*VP(L) / SPUR
      CUMUL = CUMUL + POURC
      LSCHWARZ = POURC + Ø.5
        IF (LSCHWARZ .LE. Ø)            LSCHWARZ = 1
   1Ø WRITE (IMP,61Ø) L, VP(L), POURC, CUMUL, (SCHWARZ,K=1,
     1    LSCHWARZ)
  6ØØ FORMAT (1H1,37HAUSGABE DER EIGENWERTE (SUMME =,F9.6,2H)//
     1    1H ,54H   EIGENWERTE POURC  CUMUL  HISTOGRAMM DER
     2    WERTE /)
  61Ø FORMAT(1H ,I3,1X,F1Ø.5,F7.2,F7.2,1X,1ØØA1 )
        RETURN
        END
```

```
      PROGRAMM ANACP ( HAUPTKOMPONENTENANALYSE )
C * * * * * * * * * * * * * * * * * * * * * * * * * * * * * * * * * *
C
C .......... DIMENSIONIERUNGSPARAMETER
C NDIM    = 1ØØ MAJORANTE DER ANZAHL NTOT DER ZEILEN (AKTIVE UND
C                                          ILLUSTRATIVE)
C KDIM    =  6Ø MAJORANTE DER ANZAHL KTOT DER SPALTEN (AKTIVE
C                                          UND ILLUSTRATIVE)
C MDIM    = 161 MAJORANTE SÄMTLICHER DIMENSIONEN (NTOT+KTOT+1)
C KFAC    =  1Ø MAJORANTE DER ANZAHL KVVP DER BERECHNETEN
C                                          EIGENWERTE
C
C .......... AUFGERUFENE PROGRAMME ... BORNS CALFP COMAJ COORP
C                CORRL EDIVP EPUR4 GPLAN KLICO LIRAF PERMX POUSS
C                VVPRO
C * * * * * * * * * * * * * * * * * * * * * * * * * * * * * * * * * *
      DIMENSION F (1ØØ,6Ø),S(6Ø,6Ø),VP(6Ø), U(1ØØ,1Ø),V(6Ø,1Ø)
      DIMENSION FI(1ØØ ), IDI(1ØØ), KODI(1ØØ), DI(1ØØ)
      DIMENSION FJ(6Ø)  , IDJ(6Ø) , KODJ(6Ø)
      DIMENSION X(161),  Y(161) , ID(161)
      COMMON /ENSOR/ LEC,IMP
      LEC     = 5
      IMP     = 6
C .......... DIMENSIONSPARAMETER (MAJORISIERUNG DER EXAKTEN
C                                      DIMENSIONEN)
      NDIM    = 1ØØ
      KDIM    =  6Ø
      MDIM    = 161
      KFAC    =  1Ø
      WRITE (IMP,6ØØ)   NDIM, KDIM, MDIM, KFAC
C .......... EINLESEN DER PARAMETER UND DER DATEN
      CALL  LIRAF ( NDIM, KDIM,
     1      NTOT, N, KTOT, K, KVVP, NGRAF, NPAGE, NLIGN, PEX,
     2                       F, KODI, KODJ, IDI, IDJ )
C .......... AN DAS ENDE SETZEN DER ILLUSTRATIVEN ELEMENTE
        IF (NTOT.EQ.N .AND. KTOT.EQ.K)              GO TO 1Ø
      CALL  POUSS (MDIM,NDIM,NTOT,KTOT,N,K,KODI,KODJ,F,IDI,
     1                       IDJ,ID)
```

```
C .......... AUSGABE DER GROBDATEN (EVENTUELL PERMUTIERT)
  1Ø WRITE (IMP,62Ø)
     MODK    = 2
     CALL  KLICO ( MODK, NDIM, NTOT, KTOT, F, IDI, IDJ )
C .......... BERECHNUNG VON EIGENWERTEN, GEWICHTEN, KOORDINATEN,
C            ABSTÄNDEN VOM URSPRUNG
     CALL  CALFP (NDIM,KDIM,NTOT,N,KTOT,K,KVVP,
    1                          F,FI,FJ,S,VP,U,V,DI,IDJ)
C .......... AUSGABE DER EIGENWERTE
     VPTOT   = K
     MODV    = 1
     CALL  EDIVP ( MODV, K, VP, VPTOT)
C .......... AUSGABE DER KOORDINATEN VON VARIABLEN UND INDIVIDUEN
     CALL  COORP (NDIM,KDIM,NTOT,N,KTOT,K,KVVP,U,V,FI,FJ,IDI,
    1                          IDJ)
C .......... AUFRUF DER ZEICHENEBENEN NACH NGRAF
C            1=(1,2)  2=(1,2)+(2,3)  3=(1,2)+(2,3)+(3,4) ETC ...
      IF (NGRAF .LE. Ø)                      GO TO 5Ø
     JX      = 1
      DO 4Ø              NG = 1,NGRAF
     JY      = JX + 1
      IF (JY .GT. KVVP)                      GO TO 5Ø
      DO 2Ø              I  = 1,NTOT
     X(I)    = U(I,JX)
     Y(I)    = U(I,JY)
  2Ø ID(I)   = IDI(I)
      DO 3Ø              J  = 1,KTOT
     I1      = NTOT + J
     X(I1)   = V(J,JX)
     Y(I1)   = V(J,JY)
  3Ø ID(I1)  = IDJ(J)
     MTOT    = NTOT + KTOT
     CALL  GPLAN (MDIM,MTOT,JX,JY,X,Y,ID,4,NLIGN,NPAGE,PEX, 1)
  4Ø JX      = JY
  5Ø  CONTINUE
     WRITE (IMP,61Ø)
```

```
  6ØØ FORMAT (1H1, 1ØX, 27HHAUPTKOMPONENTEN   /1H ,65(2H .) //
     1  24HMAJORANTE VON NTOT   NDIM=,I4,17X,23HMAJORANTE VON
     2                                                   KTOT
     3  KDIM=,I4/ 1H ,3ØHMAJORANTE VON NTOT+KTOT+1
     4  MDIM=,I4,1ØX, 23HMAJORANTE VON KVVP  KFAC=,I4/ )
  61Ø FORMAT (//1H ,13Ø(1H-)//1H ,58X
     1          17HENDE DER UNTERSUCHUNG //1H ,13Ø(1H-)// )
  62Ø FORMAT (1H1,1ØX,44HGROBDATENTABLEAU (EVENTUELL PERMUTIERT))
        STOP
        END


        SUBROUTINE CALFP (NDIM,KDIM,NTOT,N,KTOT,K,KVVP,
        1                             F,FI,FJ,S,VP,U,V,DI,IDJ)
C * * * * * * * * * * * * * * * * * * * * * * * * * * * * * *
C          BERECHNUNG FÜR EINE HAUPTKOMPONENTENANALYSE
C EINGÄNGE NDIM,....,KVVP = IN ANACP UND LIRAF DEFINIERTE
C        1                 DIMENSIONEN
C          F(NTOT,KTOT)  = DATENTABLEAU
C AUSGÄNGE FI(KTOT),FJ(KTOT) = MITTELWERTE UND STANDARDAB-
C        1                     WEICHUNGEN DER VARIANZEN
C          S(K,K) = EIGENVEKTOREN DER KORRELATIONEN ZWISCHEN DEN
C        1          AKTIVEN VARIABLEN
C          VP(K)  = EIGENWERTE VON S(K,K)
C          U(NTOT,KVVP),V(KTOT,KVVP) = KOORDINATEN VON ZEILEN
C        1                             UND SPALTEN
C          DI(NTOT) = HILFSVEKTOR
C AUFRUF ...  CORRL (ALSO COMAJ), KLICO, VVPRO
C * * * * * * * * * * * * * * * * * * * * * * * * * * * * * *
        COMMON /ENSOR/ LEC,IMP
        DIMENSION F(NDIM,KTOT),S(KDIM,KTOT),U(NDIM,KVVP),
       1          V(KDIM,KVVP),FI(NTOT),DI(NTOT),FJ(KTOT),
       2          IDJ(KTOT),VP(K)
C ....... BERECHNUNG DER KORRELATIONEN ZWISCHEN DEN KTOT
C      1                                          VARIABLEN
C         MITTELWERTE IN FI(KTOT), STANDARDABWEICHUNGEN IN
C      1                                          FJ(KTOT)
C         BERECHNUNGEN NUR MIT HILFE DER AKTIVEN INDIVIDUEN
```

```
      DO 1Ø          I = 1,NTOT
      DI(I)   = 1.Ø
   1Ø   IF (I .GT. N)                    DI(I) = Ø.Ø
      CALL CORRL ( NDIM, KDIM, N, KTOT, F, DI, S, FI, FJ, M )
C .......... AUSGABE DER KORRELATIONEN ZWISCHEN DEN KTOT
C      1                                      VARIABLEN
      WRITE (IMP,1ØØ)
      MODK    = 2
      CALL KLICO ( MODK, KDIM, KTOT, KTOT, S, IDJ, IDJ )
C .......... DIAGONALISIERUNG (AKTIVE VARIABLE)
      CALL VVPRO ( KDIM, K, S, VP)
C .......... KOORDINATEN DER AKTIVEN VARIABLEN
        IF (KVVP .GT. K)                 KVVP = K
      KV      = Ø
        DO 3Ø      L = 1,KVVP
      VP(L)   = ABS (VP(L))
        IF (VP(L) .LT. Ø.ØØØØØ1)         GO TO 3Ø
      KV      = KV + 1
        DO 2Ø        J = 1,K
   2Ø V(J,L)  = S(J,L)*SQRT (VP(L))
   3Ø   CONTINUE
      KVVP    = KV
C .......... KOORDINATEN DER INDIVIDUEN (AKTIVE UND ZUSÄTZLICHE)
      ACTK2   = SQRT (FLOAT(K))
      SOM     = Ø.Ø
        DO 5Ø        I = 1,NTOT
      SOM     = SOM + DI(I)
        DO 5Ø        L = 1,KVVP
      U(I,L)  = Ø.Ø
        DO 4Ø        J = 1,K
   4Ø U(I,L) = U(I,L) + S(J,L)*(F(I,J) - FI(J)) / FJ(J)
   5Ø U(I,L) = U(I,L) / ACTK2
C .......... KOORDINATEN DER ZUSATZVARIABLEN
        IF (KTOT.LE.K) RETURN
      K1      = K + 1
      CJ      = ACTK2 / SOM
        DO 7Ø        J = K1,KTOT
        DO 7Ø        L = 1,KVVP
```

```
    V(J,L) = Ø.Ø
      DO 6Ø        I = 1,N
    CC       = DI(I) * CJ / SQRT (VP(L))
 6Ø V(J,L) = V(J,L) + CC*U(I,L)*(F(I,J) - FI(J))/FJ(J)
 7Ø   CONTINUE
1ØØ FORMAT (1H1,1ØX,43HKORRELATIONSMATRIX (AKTIVE INDI-
   1                                                 VIDUEN) )
    RETURN
    END


       SUBROUTINE CCORP (NDIM,KDIM,NTOT,N,KTOT,K,KVVP,
      1                                     U,V,FI,FJ,IDI,IDJ)
C * * * * * * * * * * * * * * * * * * * * * * * * * * * * * *
C        AUSGABE DER KOORDINATEN FÜR EINE HAUPTKOMPONENTEN-
C      1                                     ANALYSE
C NDIM,...,KVVP = IN ANACP UND LIRAF DEFINIERTE DIMENSIONS-
C      1                                     PARAMETER
C U(NTOT,KVVP),V(KTOT,KVVP) = KOORDINATEN VON ZEILEN UND SPALTEN
C FI(KTOT),FJ(KTOT) = MITTELWERTE UND STANDARDABWEICHUNGEN DER
C      1                 VARIABLEN (AKTIVE INDIVIDUEN)
C IDI(NTOT),IDJ(KTOT) = ZEILEN- UND SPALTENIDENTIFIKATOREN
C * * * * * * * * * * * * * * * * * * * * * * * * * * * * * *
       COMMON /ENSOR/ LEC,IMP
       DIMENSION U(NDIM,KVVP), V(KDIM,KVVP), FI(KTOT), FJ(KTOT),
      1            IDI(NTOT), IDJ(KTOT)
       KV     = KVVP
         IF (KV .GT. 6)                     KV = 6
       WRITE (IMP,1ØØ)
         DO 1Ø      J = 1,KTOT
         IF (J .EQ. (K+1))                  WRITE (IMP,11Ø)
    1Ø WRITE (IMP,12Ø)   IDJ(J), FI(J), FJ(J), (V(J,L),
          1                                          L=1,KV)
       WRITE (IMP,13Ø)
         DO 2Ø      I = 1,NTOT
         IF (I .EQ. (N+1))                  WRITE (IMP,11Ø)
    2Ø WRITE (IMP,14Ø)  IDI(I), (U(I,L), L=1,KV)
   1ØØ FORMAT (1H1,1ØX,33HKOORDINATEN DER AKTIVEN VARIABLEN,
```

```
         1  /1H, 52(2H. ) ,/1H ,29HANZAHL DER MITTELWERTE
         2  UND ABWEICHUNGSTYPEN,8X,5HACHSE 1,7X,5HACHSE
         3  2,7X,5HACHSE 3, 7X,5HACHSE 4,7X,5HACHSE 5,7X,
         4  5HACHSE 6,/1H ,52(2H. )//)
 11Ø FORMAT (1H , /1H ,1ØX,24HZUSÄTZLICHE ELEMENTE / )
 12Ø FORMAT (1H ,1X, A4, 2F12.3, 2X, 6F12.4 )
 13Ø FORMAT (1H ,//1H , 52(2H. )/ 1H ,1ØX,25HKOORDINATEN DER
         1  INDIVIDUEN, 7H AKTIVE /1H , 52(2H. ) // )
 14Ø FORMAT (1H ,1X, A4, 26X, 6F12.4 )
      RETURN
      END
```

```
      PROGRAMM ANACO (ZUORDNUNGSANALYSE)
C * * * * * * * * * * * * * * * * * * * * * * * * * * * * * * * *
C
C ......... DIMENSIONIERUNGSPARAMETER
C NDIM = 1ØØ MAJORANTE DER ANZAHL NTOT DER (AKTIVEN UND
C            ILLUSTRATIVEN) ZEILEN
C KDIM =  6Ø MAJORANTE DER ANZAHL KTOT DER (AKTIVEN UND
C            ILLUSTRATIVEN) SPALTEN
C MDIM = 161 MAJORANTE DER GESAMTEN DIMENSIONEN (NTOT+KTOT+1)
C LDIM =  4Ø MAJORANTE DER ANZAHL K DER AKTIVEN SPALTEN
C KFAC =  1Ø MAJORANTE DER ANZAHL KVVP DER BERECHNETEN EIGEN-
C            WERTE
C
C ......... AUFGERUFENE PROGRAMME ... AIDAC BORNS CALFC COORC
C                                     EDIVP EPUR4 GPLAN KLICO LIRAF PERMX
C                                     POUSS SHELK VVPRO
C * * * * * * * * * * * * * * * * * * * * * * * * * * * * * * * *
        DIMENSION F(1ØØ,6Ø), S(4Ø,4Ø), VP(4Ø), U(1ØØ,1Ø),
     1                                          V(6Ø,1Ø)
        DIMENSION FI(1ØØ), IDI(1ØØ), KODI(1ØØ), DI(1ØØ)
        DIMENSION FJ(6Ø), IDJ(6Ø) , KODJ(6Ø) , DJ(6Ø)
        DIMENSION X(161), Y(161),    ID(161)
        COMMON /ENSOR/ LEC,IMP
        LEC     = 5
        IMP     = 6
```

```
C ......... DIMENSIONSPARAMETER (MAJORISIERUNG DER EXAKTEN
C                               DIMENSION)
      NDIM    = 1ØØ
      KDIM    =  6Ø
      MDIM    = 161
      LDIM    =  4Ø
      KFAC    =  1Ø
      WRITE (IMP,6ØØ)  NDIM, KDIM, MDIM, LDIM, KFAC
C ......... EINLESEN DER PARAMETER UND DER DATEN
      CALL LIRAF ( NDIM, KDIM,
     1        NTOT, N, KTOT, K, KVVP, NGRAF, NPAGE, NLIGN, PEX,
     2                                F, KODI, KODJ, IDI, IDJ)
C ......... ANS ENDE SETZEN DER ILLUSTRATIVEN ELEMENTE
         IF (NTOT.EQ.N .AND. KTOT.EQ.K)            GO TO  1Ø
      CALL POUSS (MDIM,NDIM,NTOT,KTOT,N,K,KODI,KODJ,F,IDI,IDJ,
     1                                                   ID)
C ......... AUSGABE DER GROBDATEN (EVENTUELL PERMUTIERT)
   1Ø WRITE (IMP,62Ø)
      MODK     = 3
      CALL KLICO ( MODK, NDIM, NTOT, KTOT, F, IDI, IDJ )
C ......... BERECHNUNG DER EIGENWERTE, GEWICHTE, KOORDINATEN,
C           ABSTÄNDE VOM URSPRUNG
      CALL CALFC (LDIM, NDIM,NTOT,N, KDIM,KTOT,K, KVVP, F,
     1          FI,FJ, S, VP,VPTOT, U,V, DI,DJ)
C ......... AUSGABE DER EIGENWERTE
      MODE     = 2
      KMOD     = KVVP + 1
      CALL EDIVP ( MODE, KMOD, VP, VPTOT )
C ......... AUSGABE DER KOORDINATEN UND DER BEITRÄGE
      CALL COORC (NDIM,NTOT,N, KDIM,KTOT,K, KVVP,
     1            VP,U,V, FI,FJ, DI,DJ, IDI,IDJ )
C ......... AUFRUF DER ZEICHENEBENEN NACH NGRAF
C           1=(1,2)  2=(1,2)+(2,3)  3=(1,2)+(2,3)+(3,4)    ETC
         IF (NGRAF .LE. Ø)                         GO TO  5Ø
      JX       = 1
         DO 4Ø                 NG = 1,NGRAF
      JY       = JX + 1
         IF (JY .GT. KVVP)                         GO TO  5Ø
```

```
        DO 2Ø                  I = 1,NTOT
      X(I)     = U(I,JX)
      Y(I)     = U(I,JY)
   2Ø ID(I)    = IDI(I)
        DO 3Ø                  J = 1,KTOT
      I1       = NTOT + J
      X(I1)    = V(J,JX)
      Y(I1)    = V(J,JY)
   3Ø ID(I1)   = IDJ(J)
      MTOT     = NTOT + KTOT
      CALL GPLAN (MDIM,MTOT,JX,JY,X,Y,ID,4,NLIGN,NPAGE,PEX, 1)
   4Ø JX       = JY
C ......... PROFILE NACH DEM ERSTEN FAKTOR GEORDNET
   5Ø   CONTINUE
      KOL    = 1
      CALL AIDAC (MDIM,NDIM,KDIM,N,K,KVVP, KOL, F, IDI,IDJ, U,
     1                              V, KODI,KODJ, FI,FJ, ID )
      WRITE (IMP,61Ø)
  6ØØ FORMAT (1H1, 1ØX,27HZUORDNUNGSANALYSE / 1H ,65(2H .) //
     1 24HMAJORANTE VON NTOT  NDIM=,I4,17X,23HMAJORANTE VON KTOT
     2 KDIM=,I4/1H ,30HMAJORANTE VON NTOT+KTOT+1  MDIM=,I4,1ØX,
     3 13HMAJORANTE VON K, 8H  LDIM=,I4,1ØX,23HMAJORANTE VON
     4 KVVP KFAC=,I4/ )
  61Ø FORMAT (//1H ,13Ø(1H-)//1H ,58X,
     1              17HENDE DER UNTERSUCHUNG //1H ,13Ø( 1H-)// )
  62Ø FORMAT (1H1,1ØX,44HTABLEAU DER GROBDATEN (EVENTUELL
     1                              PERMUTIERT))
        STOP
        END

       SUBROUTINE CALFC (LDIM, NDIM,NTOT,N, KDIM,KTOT,K, KVVP, F,
     1                  FI,FJ, S, VP,VPTOT, U,V, DI,DJ)
C * * * * * * * * * * * * * * * * * * * * * * * * * * * * * * *
C         BERECHNUNGEN FÜR EINE ZUORDNUNGSANALYSE ... BEIM
C                               AUSGANG ...
C FI(NTOT), FJ(NTOT) = RELATIVE GEWICHTE
C S(K,K), VP(K) = EIGENVEKTOREN UND -WERTE
C U(NTOT,KVVP), V(KTOT,KVVP) = KOORDINATEN ÜBER DEN KVVP ACHSEN
```

```
C                                 (ZEILEN UND SPALTEN)
C DI(NTOT), DJ(KTOT) = ABSTÄNDE ZUM URSPRUNG (ZEILEN UND SPALTEN)
C AUFRUF DIAGONALISIERUNGSPROGRAMM  VVPRO.
C * * * * * * * * * * * * * * * * * * * * * * * * * * * * * *
      DIMENSION F(NDIM,KTOT), S(LDIM,K), U(NDIM,KVVP),
     1                                 V(KDIM,KVVP)
      DIMENSION FI(NTOT), FJ(KTOT), VP(K), DI(NTOT), DJ(KTOT)
C ....... INITIALISIERUNGEN
        IF (KVVP .GE. K)                          KVVP = K - 1
      FTOT   = Ø.Ø
        DO 1Ø              J = 1,KTOT
   1Ø FJ(J)  = Ø.Ø
        DO 2Ø              I = 1,NTOT
   2Ø FI(I)  = Ø.Ø
        DO 3Ø              J = 1,K
        DO 3Ø              L = 1,J
   3Ø S(J,L) = Ø.Ø
C ....... BERECHNUNG DER RÄNDER DER MATRIX S UND IHRER SPUR
        DO 7Ø              I = 1,N
        DO 4Ø              J = 1,K
   4Ø FI(I)  = FI(I) + F(I,J)
      FTOT   = FTOT + FI(I)
        IF (FI(I) .LT. 1.ØE-6)                    FI(I) = 1.Ø E-6
        DO 5Ø              J = 1,K
        DO 5Ø              L = 1,J
   5Ø S(J,L) = S(J,L) + F(I,J)*F(I,L)/FI(I)
        DO 6Ø              J = 1,KTOT
   6Ø FJ(J)  = FJ(J) + F(I,J)
   7Ø   CONTINUE
        IF (NTOT .EQ. N)                          GO TO 1ØØ
      N1     = N + 1
        DO 9Ø              I = N1,NTOT
        DO 8Ø              J = 1,K
   8Ø FI(I)  = FI(I) + F(I,J)
   9Ø   IF (FI(I)  .LT. 1.ØE-6                    FI(I) = 1.Ø E-6
  1ØØ   CONTINUE
        DO 11Ø             J = 1,K
        DO 11Ø             L = 1,J
```

```
      SD     = FJ(J)*FJ(L)
        IF (SD .LT. 1.ØE-12)                        SD = 1.Ø E-12
      S(J,L) = S(J,L)/SQRT(SD)
  11Ø S(L,J) = S(J,L)
      VPTOT  = Ø.Ø
        DO 12Ø              L = 1,K
  12Ø VPTOT  = VPTOT + S(L,L)
      VPTOT  = VPTOT - 1.Ø
C ....... DIAGONALISIERUNG DER MATRIX S(K,K)
      CALL VVPRO (LDIM, K, S, VP )
C ....... KOORDINATEN DER AKTIVEN UND ZUSÄTZLICHEN ZEILEN
        DO 13Ø              J = 1,KTOT
      DJ(J)  = Ø.Ø
        IF (FJ(J) .LT. 1.ØE-6)                       FJ(J) = 1.Ø E-6
  13Ø FJ(J)  = FJ(J)/FTOT
        DO 17Ø              I = 1,NTOT
        DO 14Ø              L = 1,KVVP
      U(I,L) = Ø.Ø
      L1     = L + 1
        DO 14Ø              J = 1,K
  14Ø U(I,L) = U(I,L)+(F(I,J)*S(J,L1)) / (FI(I)*SQRT(FJ(J)) )
      DI(I)  = Ø.Ø
        DO 15Ø              J = 1,K
  15Ø DI(I)  = DI(I) + (F(I,J)/FI(I) - FJ(J))**2 / FJ(J)
      FI(I)  = FI(I)/FTOT
        IF (I .GT. N )                               GO TO 17Ø
        DO 16Ø              J = 1,KTOT
  16Ø DJ(J)  = DJ(J) + (F(I,J)/(FTOT*FJ(J)) - FI(I))**2 / FI(I)
  17Ø   CONTINUE
C ....... KOORDINATEN DER AKTIVEN SPALTEN
        DO 18Ø              J = 1,K
        DO 18Ø              L = 1,KVVP
      L1     = L + 1
  18Ø V(J,L) = (S(J,L1)/SQRT(FJ(J))) * SQRT(VP(L1))
        IF (KTOT .EQ. K)                             RETURN
C ....... KOORDINATEN DER ILLUSTRATIVEN SPALTEN
      K1     = K + 1
```

```
      DO 19Ø          J = K1,KTOT
      DO 19Ø          L = 1,KVVP
  19Ø V(J,L) = Ø.Ø
      DO 21Ø          I = 1,N
      DO 2ØØ          J = K1,KTOT
      DO 2ØØ          L = 1,KVVP
      L1     = L + 1
  2ØØ V(J,L) = V(J,L) + (F(I,J)*U(I,L))/(FTOT*FJ(J)*SQRT
     1                                     (VP(L1)))
  21Ø  CONTINUE
      RETURN
      END


      SUBROUTINE COORC (NDIM,NTOT,N,KDIM,KTOT,K,KVVP
     1                 VP,U,V, FI,FJ, DI,DJ, IDI,IDJ )
C * * * * * * * * * * * * * * * * * * * * * * * * * * * * * *
C           AUSGABE VON KOORDINATEN, ABSOLUTEN UND RELATIVEN
C                                                   BEITRÄGEN
C U(NTOT,KVVP), V(KTOT,KVVP) = KOORDINATEN , VP(K) = EIGENWERTE
C DI(NTOT), DJ(KTOT) = ABSTÄNDE VOM URSPRUNG,
C FI(NTOT), FJ(KTOT) = GEWICHTE ,
C IDI(NTOT), IDJ(KTOT) = IDENTIFIKATOREN NACH A4
C * * * * * * * * * * * * * * * * * * * * * * * * * * * * * *
      DIMENSION U(NDIM,KVVP), V(KDIM,KVVP), VP(K), DI(NTOT),
     1          DJ(KTOT), FI(NTOT), FJ(KTOT), IDI(NTOT),
     2          IDJ(KTOT), G(18), LT(6)
      COMMON /ENSOR/ LEC,IMP
      DATA LT/2HF1,2HF2,2HF3,2HF4,2HF5,2HF6/
      WRITE (IMP,1ØØ)
      WRITE (IMP,11Ø) (LT(L),L=1,6),(LT(L),L=1,6),(LT(L),L=1,6)
      WRITE (IMP,12Ø)
      LFIN   = 6
       IF (LFIN .GT. KVVP)                LFIN = KVVP
       DO 3Ø          J = 1,KTOT
       DO 1Ø          L = 1,18
   1Ø G(L)   = Ø.Ø
      BB     = Ø.Ø
```

```
      IF (J .LE. K)                         BB    = 1.Ø
      DO 2Ø           L = 1,LFIN
    G(L)    = V(J,L)
    AA      = FJ(J)*G(L)*G(L)
    G(6+L) = 1ØØ.Ø *AA*BB / VP(L+1)
    G(12+L)= AA/ (DJ(J)*FJ(J))
 2Ø   CONTINUE
    FJ(J)   = BB*FJ(J)
      IF (J .EQ. K+1)                       WRITE (IMP,13Ø)
   WRITE (IMP,15Ø) IDJ(J), FJ(J), DJ(J), (G(L), L=1,18)
 3Ø   CONTINUE
   WRITE (IMP,14Ø)
      DO 6Ø            I = 1,NTOT
      DO 4Ø            L = 1,18
 4Ø G(L)    = Ø.Ø
    BB      = Ø.Ø
      IF (I .LE. N)                         BB = 1.Ø
      DO 5Ø           L = 1,LFIN
    G(L)    = U(I,L)
    AA      = FI(I)*G(L)*G(L)
    G(6+L) = 1ØØ.Ø*AA*BB / VP(L+1)
    G(12+L)= AA / (DI(I)*FI(I))
 5Ø   CONTINUE
    FI(I)   = BB*FI(I)
      IF (I .EQ. N+1)                       WRITE (IMP,13Ø)
    WRITE (IMP,15Ø)  IDI(I), FI(I), DI(I), (G(L), L=1,18)
 6Ø   CONTINUE
1ØØ FORMAT (1H1,1ØX,44HAUSGABE VON KOORDINATEN UND BEITRÄGEN
   1  /1H ,132(1H-)///,1X,4HNAMEN,2X,6HMASSEN,1X,6HABSTAND
   2  VOM URSPRUNG,1H*,12X,11HKOORDINATEN ,13X,2H *,4X,
   3  22HABSOLUTE BEITRÄGE,4X,2H *,3X,23HRELATIVE BEITRÄGE,
   4  4X,2H *)
11Ø FORMAT (1H ,122(1H*)/1H ,18X,2H *,6(3X,A2,1X) ,2H *,
   1  6(2X,A2,1X), 2H *,6(2X,A2,1X),2H */1H ,122(1H*)  )
12Ø FORMAT (/1H ,1ØX,21HAKTIVE SPALTEN-PUNKTE    / )
13Ø FORMAT (/1H ,1ØX,22HZUSÄTZLICHE PUNKTE    / )
14Ø FORMAT (/1H ,1ØX,19HAKTIVE ZEILEN-PUNKTE   / )
```

```
  15Ø FORMAT (1X,A4,F7.3,1X,F6.2,2H *,6F6.2,2H *,6F5.1,2H *,
     1                                   6F5.2,2H *  )
      RETURN
      END


      SUBROUTINE AIDAC (MDIM,NDIM,KDIM,N,K,KVVP, KOL, F,
     1                  IDI,IDJ, U,V, KODI,KODJ, FI,FJ, ID )
C * * * * * * * * * * * * * * * * * * * * * * * * * * * * * *
C AUSGABE DER PROFILE DES TABLEAUS F(N,K), GEORDNET NACH DEN
C KOORDINATEN ÜBER DEM FAKTOR KOL. IDENTIFIKATOREN NACH A4 IN
C IDI(N) UND IDJ(K)  KOORDINATEN IN U(N,KVVP) UND V(K,KVVP)
C AUFRUFE = SHELK, PERMX, KLICO
C * * * * * * * * * * * * * * * * * * * * * * * * * * * * * *
      COMMON /ENSOR/ LEC,IMP
      DIMENSION F(NDIM,K), U(NDIM,KVVP), V(KDIM,KVVP), IDI(N)
      DIMENSION IDJ(K), KODI(N), KODJ(K), FI(N), FJ(K), ID(MDIM)
        DO 1Ø              I = 1,N
   1Ø FI(I)        = U(I,KOL)
      CALL SHELK ( N, FI, ID )
        DO 2Ø              I = 1,N
      KK           = ID(I)
      ID(I)        = IDI(KK)
   2Ø KODI(KK)     = I
        DO 3Ø              I = 1,N
   3Ø IDI(I)       = ID(I)
        DO 4Ø              J = 1,K
   4Ø FJ(J)        = V(J,KOL)
      CALL SHELK ( K, FJ, ID )
        DO 5Ø              J = 1,K
      KK           = ID(J)
      ID(J)        = IDJ(KK)
   5Ø KODJ(KK)     = J
        DO 6Ø              J = 1,K
   6Ø IDJ(J)       = ID(J)
      CALL PERMX ( NDIM, N, K, F, KODI, KODJ )
      KPT          = Ø
        DO 7Ø              I = 1,N
```

```
      FI(I)       = Ø.Ø
       DO 7Ø             J = 1,K
   7Ø FI(I)       = FI(I) + F(I,J)
       DO 8Ø          I = 1,K
      FJ(J)       = Ø.Ø
       DO 8Ø             I = 1,N
   8Ø FJ(J)       = FJ(J) + F(I,J)
       DO 9Ø          J = 1,K
       DO 9Ø          I = 1,N
   9Ø F(I,J)      = (F(I,J)*1ØØØ.Ø) / FI(I)
      WRITE (IMP,6ØØ)
      KODK        = 3
                                                  GO TO 12Ø
  1ØØ   CONTINUE
        DO 11Ø        J = 1,K
        DO 11Ø        I = 1,N
  11Ø F(I,J)      = (F(I,J)/FJ(J))* FI(I)
      WRITE (IMP,61Ø)
  12Ø KPT         = KPT + 1
      CALL KLICO ( KODK, NDIM, N, K, F, IDI, IDJ )
        IF (KPT .EQ. 1)                           GO TO 1ØØ
  6ØØ FORMAT (1H1,4ØX,33HDATEN GEORDNET ÜBER DEM FAKTOR 1 //
     1  1H, 32X,47HZEILENPROFILE(SUMME EINER ZEILE=1ØØØ)     )
  61Ø FORMAT (1H1,4ØX,33HDATEN GEORDNET ÜBER DEM FAKTOR 1 //
     1  1H ,34X,5ØHSPALTENPROFILE(SUMME EINER SPALTE=1ØØØ)   )
        RETURN
        END
```

2. Begriffsbildungen aus der automatischen Klassifikation

2.1. Einführung

Allgemeines. Klassifikationen und Faktorenanalyse

Die automatischen Klassifizikationstechniken sind dazu bestimmt, Gruppierungen von Objekten oder Individuen zu erzeugen, die durch eine gewisse Anzahl von Variablen bzw. Charakteren beschrieben werden. Es handelt sich um einen in voller Entwicklung begriffenen Zweig der Datenanalyse, der zu zahlreichen und verschiedenartigen Publikationen Anlaß gegeben hat.

Es wäre verfrüht, eine Bilanz ziehen und eine synthetische Darstellung der verschiedenen existierenden Methoden geben zu wollen. Allerdings ist es möglich, gewisse Prinzipien zu isolieren und einige vorläufige Bemerkungen zu machen, die erlauben, weiter vorzudringen, ohne sich dabei im Wust der Methoden zu verlieren.

Spezielle Monografien (insbesondere in Französisch der Band I des Lehrbuchs über Datenanalyse von Jean-Paul Benzecri, 1973) enthalten im allgemeinen wichtige historische Betrachtungen und streng formale Ableitungen des Begriffs der Klassifikation. Wir können den Leser zu seiner gründlichen Vorbereitung nur auf die existierenden Werke verweisen und werden uns hier auf geeignete Betrachtungen beschränken, die für den Praktiker von Interesse sind.

Zunächst werden wir versuchen, zwei Fragen zu beantworten, die zu stellen man gegenüber jeder Technik der Datenanalyse berechtigt ist.

Erste Frage: Welche Umstände müssen eintreten, damit man diese Methoden anwenden kann? Wann kann man sie anwenden?

Zweite Frage: Was kann man von diesen Methoden erwarten? Welcher Natur sind die hervorgebrachten Ergebnisse?

Die Umstände, die eine Anwendung ermöglichen, sind offensichtlich die gleichen, die man für die Methoden der deskriptiven Faktorenanalyse kennt: Der Nutzer sieht sich einem rechteckigen Tableau von Zahlenwerten gegenüber[24]. Dieses Tableau kann eine Kontingenztafel sein (die zwei Partitionen derselben Popula-

[24] Die Kodierung der Daten kann verschiedenartige Formen annehmen. Dieser grundsätzliche Punkt wird anläßlich der Berechnung der Abstände diskutiert werden.

tion kreuzt), eine Inzidenztabelle — Anwesenheits-Abwesenheitstafel — (mit Werten 0 oder 1, je nachdem, ob das Individuum bzw. Objekt einen bestimmten Charakter bzw. ein bestimmtes Attribut besitzt oder nicht) oder eine Tabelle von Zahlenwerten (Wert der Variable j für das Individuum i im Schnitt der Zeile i mit der Spalte j des Tableaus).

Dieses Tableau muß auf jeden Fall gewisse für die Datenanalyse klassische Forderungen erfüllen. Es muß in Text und Inhalt *homogen* sein. Berechnung und Vergleich der Abstände zwischen Zeilen (die Zeilen stellen im allgemeinen Individuen oder Objekte dar) und zwischen Spalten muß sinnvoll sein. Das Tableau soll hinreichend *weit* sein, damit nicht der dahinter verborgene strukturelle Zusammenhang durch direkte visuelle Betrachtung oder auf elementare statistische Bearbeitung hin sichtbar wird. Schließlich sollte es möglichst *amorph* sein: es sollte keine *a priori* gegebene Struktur (funktionelle Abhängigkeit, rechnerische Beziehungen usw.) zwischen seinen Zeilen und Spalten existieren. Man hat bemerkt, daß diese drei Bedingungen (Homogenität, Dimension, Nichtvorhandensein einer apriori gegebenen Struktur) auch die Anwendung der Faktorenanalysetechnik rechtfertigen.

Der Hinwendung zur Technik der automatischen Klassifikation liegen einige allgemeine Ideen über das Beobachtungsfeld zugrunde. Man setzt voraus, daß es gewisse Eingruppierungen gibt bzw. man fordert im Gegensatz dazu, daß sich gewisse Eingruppierungen bewerkstelligen lassen. Mit anderen Worten, man gibt sich nicht damit zufrieden, daß man statistische Assoziationen schlicht und *fortlaufend* sichtbar werden läßt. Man bekundet implizit oder explizit ein Interesse daran, *Klassen* von Individuen oder Charakteren nachzuweisen.

Das führt uns zu einer Antwort auf die zweite Frage, die von der ersten nicht unabhängig ist und die Natur der erreichten Ergebnisse betrifft. Es wird sich sowohl um *Partitionen* der untersuchten Gesamtheiten (Zeilen und Spalten des analysierten Tableaus) als auch um eine *Hierarchie von Partitionen* handeln, die wir später genauer definieren werden. Manchmal wird es sich um *Bäume* im Sinne der Graphentheorie handeln, eben um Bäume, deren Enden die zu klassifizierenden Objekte sind. Schließlich kann man nach *scheinbaren* (nicht zu Recht bestehenden) *Klassen* suchen oder einfach *Zonen starker Dichte* nachweisen, indem man zahlreiche nicht klassifizierte Individuen oder Charaktere übrig läßt.

Ein und derselben Familie von Ergebnissen entsprechen manchmal verschiedene Vorgehensweisen und Interpretationen. Es könnte sich darum handeln, eine Partition herauszufinden, die tatsächlich existiert (diese Existenz kann vor der statistischen Analyse vermutet worden sein oder sich aus der Rechnung ergeben), man könnte aber auch im Gegensatz dazu die erzeugten Partitionen als Werkzeug oder Zwischenglied für die Rechnung verwenden, das eine Sondierung der Daten erlaubt. Letztere Vorgehensweise verallgemeinert in gewisser Weise die Konstruktion von Histogrammen der eindimensionalen Statistik: Im Hinblick auf eine bequemere

Untersuchung werden die Beobachtungen zu homogenen Paketen zusammengruppiert, selbst wenn die Zusammenstellung solcher Pakete manchmal ein etwas willkürliches Zerkleinern einer zusammenhängenden Grundgesamtheit mit sich bringt.

In der Tat erlaubt die vereinte Anwendung von Faktorenanalyse und Klassifikation, sich nicht nur über die Realität der Klassen zu äußern, sondern gleichzeitig auch über deren gegenseitige Position. Meistens werden während des sondierenden Ansatzes die Partitionen von Klassifikationsbäumen die vorangegangene Faktorenanalyse vervollständigen und verfeinern.

Allgemeine Charakterisierung der Methoden

Im wesentlichen wenden sich die Klassifikationstechniken an eine algorithmische Vorgehensweise und nicht an die gewöhnlichen formalisierten Rechnungen. Während zum Beispiel die Werte der Komponenten der faktoriellen Achsen Lösung einer Gleichung sind, die sich in einer sehr dichten Form schreiben läßt (selbst wenn die Lösung komplex ist), läßt sich die Definition der Klassen nur aus einer algorithmischen Formulierung heraus bewerkstelligen: eine Reihe von Operationen wird in rekursiver und repetitiver Weise definiert. Dies erklärt, daß die Klassifikationstechniken und ihr Aufschwung mehr noch als die faktoriellen Analysetechniken dem Rechenautomaten ihren Tribut zu entrichten haben. Daraus ergibt sich zugleich, daß das Ingangsetzen des größten Teils von ihnen nur relativ elementare mathematische Begriffe erfordert bzw. sich einer neueren Konzeption bedient.

Es gibt mehrere Familien von Klassifikationsalgorithmen: *aufsteigende* (oder auch anhäufende, agglomerative) *Algorithmen*, die zur Konstruktion von Klassen durch sukzessive Agglomeration von Objekten Stück für Stück kommen und die eine Hierarchie von Objektpartitionen liefern; *absteigende* (oder auch unterteilende) *Algorithmen*, die durch sukzessive Verzweigung der Objektmenge voranschreiten und die auch noch eine Hierarchie von Partitionen liefern können; schließlich die direkt auf Partitionen führenden Algorithmen wie *Aggregationsmethoden um mobile Zentren* herum. (Es sind auch andere Klassifizierungen der Klassifikationsmethoden möglich, und diese sind auch Objekt von Publikationen geworden: s. GOOD, (1965).)

Man wird sich hier auf einige brauchbare und repräsentative Techniken beschränken. Zuerst werden die meist verwendeten hierarchischen aufsteigenden Klassifikationstechniken vorgestellt:

a) Die *Aggregationstechnik mit sogenanntem minimalem Sprung*[25], die in gewisser Weise der Suche nach einem *Baum minimaler Länge* äquivalent ist. Letztere

[25] In Englisch: Single Linkage Analysis.

Technik war vielleicht das erste automatische Klassifikationsverfahren, das verwendet wurde, um mehrdimensionale Daten zu beschreiben (s. Arbeiten von K. Florek und seinen Mitarbeitern in Polen, seit 1951).

b) Die *Aggregationstechnik „nach der Varianz“*, die durch die Vergleichbarkeit ihrer Ergebnisse mit denen gewisser Faktorenanalysen interessant ist.

Danach werden kurz die *Aggregationstechniken um ein mobiles Zentrum herum* vorgestellt, die mit der Methode der „Dynamischen Schwärme“ verwandt und im Falle großer Tableaus besonders interessant ist.

Gewisse Varianten dieser und auch andere Techniken werden nur zitiert. Schließlich wird auch wegen einiger weniger häufig gebrauchten Techniken auf Spezialwerke und in der Bibliografie zitierte Artikel verwiesen (diese Techniken sind im allgemeinen einem sehr speziellen Anwendungsgebiet angepaßt und sehr oft schwierig und kostenaufwendig in Gang zu setzen).

2.2. Die aufsteigende hierarchische Klassifikation

2.2.1. Allgemeines

Abstände zwischen Elementen und Gruppen

Die den verschiedenen Techniken der aufsteigenden Klassifikation gemeinsamen allgemeinen Prinzipien sind außerordentlich einfach.

1. Zu Beginn nimmt man an, daß die Gesamtheit der zu klassifizierenden Objekte einen *Abstand*[26] hat. Das bedeutet nicht, daß sämtliche Abstände von Anfang an berechnet sein müssen; man muß sie aber berechnen bzw. aus den Koordinaten der Punkt-Objekte wiederberechnen können, und jene müssen schnell verfügbar sein.
2. Danach nimmt man an, daß *Rechenregeln für die Abstände zwischen* disjunkten *Gruppierungen* von Objekten existieren. Diesen Abstand zwischen Gruppierungen wird man im allgemeinen direkt aus den Abständen der verschiedenen in der Eingruppierung enthaltenen Elementen berechnen können.

Seien zum Beispiel x, y, z drei Objekte und die Objekte x und y eingruppiert in ein einziges, durch h bezeichnetes Element, so kann man den Abstand dieser Gruppierung von z durch den kleinsten Abstand der verschiedenen Elemente von h von z definieren:

$$d(h, z) = \text{Min}\,\{d(x, z), d(y, z)\}\,.$$

[26] Es wird sich manchmal einfach um ein Verschiedenheitsmaß handeln. In diesem Falle wird die Gültigkeit der Dreiecksungleichung $d(x, y) \leqq d(x, z) + d(y, z)$ nicht gefordert.

Dieser Abstand heißt *minimaler Sprung* (JOHNSON (1967); SNEATH (1957)), er wird weiter unten im einzelnen untersucht werden.

Eine andere einfache und oft verwendete Regel ist die des *mittleren Abstands* für zwei in h eingruppierte Objekte x und y:

$$d(h, z) = \{d(x, z) + d(y, z)\}/2 .$$

Bezeichnen allgemeiner x und y disjunkte Untermengen der Objektmenge, die n_x bzw. n_y Elemente enthalten, dann wird h eine von $(n_x + n_y)$ Elementen gebildete Untermenge, und man definiert:

$$d(h, z) = \{n_x d(x, z) + n_y d(y, z)\}/(n_x + n_y) .$$

Der Klassifikationsalgorithmus

Der grundlegende Algorithmus der aufsteigenden hierarchischen Klassifikation läuft in der folgenden Form ab[27]. Als *Element* werden sowohl die zu klassifizierenden Objekte selbst als auch die durch den Algorithmus erzeugten Eingruppierungen von Objekten bezeichnet:

- In der 0-ten Stufe gibt es n zu klassifizierende Elemente (das sind die n Objekte).
- Es werden die beiden einander am nächsten gelegenen Elemente gesucht und zu einem neuen Element zusammengefaßt.
- Die Abstände zwischen dem neuen Element und den restlichen Elementen werden berechnet. Es liegen dieselben Bedingungen wie bei Stufe 0 vor, jedoch mit nunmehr $(n - 1)$ zu klassifizierenden Elementen.
- Von neuem werden die beiden einander am nächsten gelegenen Elemente gesucht, die zusammengefaßt werden; die neuen Abstände werden berechnet, und das Verfahren wird iteriert, bis nur noch ein einziges Element vorliegt.

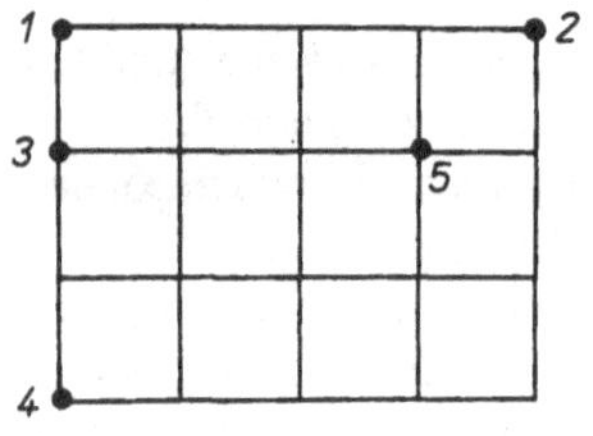

Abb. 15

[27] Es ist schwer, den Urheber dieser allgemeinen Prinzipien zu finden, die mehr dem normalen Empfinden als einer formalisierten Theorie zuzurechnen sind. Die vielleicht am meisten systematische und älteste Darstellung ist die von Lame und Williams 1967.

Wir wollen dieses Verfahren an fünf zu klassifizierenden Punkten der Ebene als Objekte veranschaulichen, bei denen als *Abstand* zwischen den Objekten das Quadrat ihres gewöhnlichen Abstandes in Zentimetern gewählt wird (ein Kästchen in der Abbildung 15 soll 1 cm^2 darstellen). Die so definierte ‚Abstandsmatrix‘ ist durch das *Tableau 1A* gegeben. Rechenregel sei zum Beispiel der minimale Sprung.

	(1)	(2)	(3)	(4)	(5)
(1)	0	16	1	9	10
(2)	16	0	17	25	2
(3)	1	17	0	4	9
(4)	9	25	4	0	13
(5)	10	2	9	13	0

Tableau 1A

	(6)	(2)	(5)	(4)
(6)	0	16	9	4
(2)	16	0	2	25
(5)	9	2	0	13
(4)	4	25	13	0

Tableau 1B

	(6)	(7)	(4)
(6)	0	9	4
(7)	9	0	13
(4)	4	13	0

Tableau 1C

	(8)	(7)
(8)	0	9
(7)	9	0

Tableau 1D

Stufe 1: Die zusammengefaßten Objekte sind 1 und 3. Es ist bequem, das neu erhaltene Element mit 6 zu bezeichnen, weil man so die Numerierung der ursprünglichen Elemente durch die der zusammengesetzten fortsetzt. Die neue Abstandsmatrix wird durch das *Tableau 1B* gegeben. Man hat zum Beispiel

$$d(6,4) = \text{Min}\,\{d(1,4), d(3,4)\} = \text{Min}\,\{9,4\} = 4\,.$$

Stufe 2: Die zwei zusammengefaßten Elemente sind 2 und 5, sie bilden das Element 7. Die neue Abstandsmatrix wird durch *Tableau 1C* gegeben.

Stufe 3: Die Elemente 6 und 4 werden zusammengefaßt, und das *Tableau 1D* liefert die sich aus der Aggregation ergebende Abstandsmatrix.

Stufe 4: Die Zusammenfassung der Elemente 8 und 7 ergibt das Element 9, und dies ist nichts anderes als die vollständige Menge. Schließlich werden die erhaltenen Eingruppierungen in der Abb. 16 schematisch dargestellt. Die nacheinander erhaltenen Eingruppierungen können gleichzeitig auch durch einen *Baum* oder ein *Dendrogramm* dargestellt werden, wie Abb. 17 zeigt, in der die Abstandswerte, die den verschiedenen Aggregationsniveaux entsprechen in der Ordinate aufgetragen wurden.

Die in der Abb. 16 gewählte Darstellungsart ist sehr anschaulich, weil wir aus pädagogischen Gründen eine ebene geometrische Figur zum Ausgangspunkt gewählt haben. Sie kann nicht leicht auf den in der Praxis oft auftretenden Fall verallgemeinert werden, in dem die Punkt-Objekte in einem Raum höhere Dimension liegen oder wenn die Punkte selbst sehr zahlreich sind. Dagegen gilt dann die Darstellung in Abb. 17 ganz allgemein.

Abb. 16

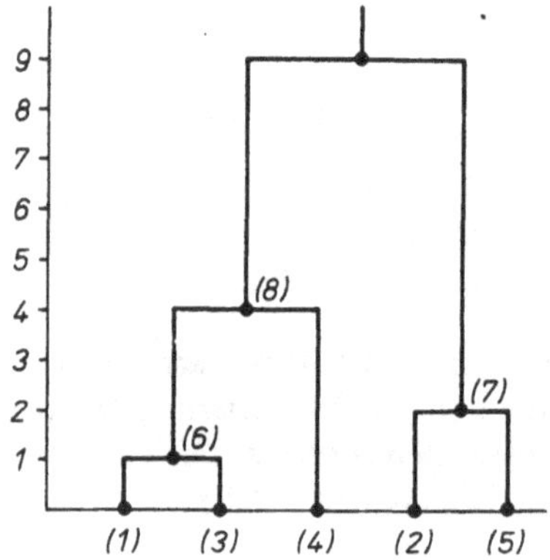

Abb. 17

Elemente des Vokabulars

Unmittelbar nach diesem Beispiel sind wir in der Lage, einige Bemerkungen zu machen, die uns erlauben, die gewöhnlich verwendeten Begriffe und die Terminologie einzuführen.

1. Die Arbeitsweise des Algorithmus zeigt uns, daß sich die Abstände (mit

diesen Rechenregeln) über für zwischen ihnen geltende Ungleichungen auswirken. Den gleichen Baum (mit einer Streckung in der Nähe der Ordinaten) hätte man durch eine einfache Ordnung der Objektpaare nach wachsenden Abständen erhalten können. Eine solche Ordnung nennt man eine *Anordnung* (eine *Prä-Anordnung*, wenn sie nur gleiche Abstände besitzt). Um einen aufsteigenden Klassifikationsbaum mit der Methode des minimalen Sprunges[28] zu konstruieren, genügt es somit, wenn eine Anordnung vorgegeben ist. In diesem Falle wird man den Baum mit äquidistanten Niveaus zeichnen.

2. Die Familie der Teilmengen der Objektmenge, die mit Hilfe eines aufsteigenden Algorithmus konstruiert wird, bildet das, was man eine *Hierarchie* nennt. Diese Familie hat die Eigenschaft, die gesamte Menge, wie auch jedes einzelne, isoliert betrachtete Objekt zu enthalten. Die anderen Teilmengen in dieser Familie sind also entweder disjunkt oder eine in der anderen enthalten. In der Tat wird während der Arbeit des Algorithmus immer dann, wenn eine Klasse aus disjunkten Elementen gebildet wird, sie selbst als neues Element betrachtet, sie ist also streng enthalten in einer späteren Klasse (Abb. 16).

Die Objekte 1, 2, 3, 4, 5 sind *terminale Elemente* des Baums (oder der Hierarchie). Die oben mit 6, 7, 8, 9 bezeichneten Klassen sind die *Knoten* des Baums.

Man erhält eine indizierte Hierarchie, falls jeder Teilmenge h der Hierarchie ein Zahlenwert $v(h) \geqq 0$ zugeordnet wird, vergleichbar mit der Inklusionsrelation im folgenden Sinne: Ist $h \subset h'$, so gilt $v(h) < v(h')$. Die Hierarchie in Abb. 17 ist in natürlicher Weise durch die jeder Aggregationsstufe entsprechenden Werte der Abstände indiziert (diese Abstände sind nach Anordnung eingetragen).

3. Legt man durch die Abb. 17 einen Schnitt mittels einer horizontalen Gerade, so erhält man eine *Partition*, die umso feiner ist, je näher sie den Terminalen Elementen ist.

Ist die Ordinate zum Beispiel höher als 4 und niedriger als 9, so erhält man eine Partition in die beiden Klassen $\{1, 3, 4\}$ und $\{2, 5\}$. Beträgt sie 3, so erhält man die drei Klassen $\{1, 3\}$, $\{4\}$ und $\{2, 5\}$. Somit erlaubt eine Hierarchie also, eine Kette von n Partitionen zu bilden, von denen eine n Klassen besitzt.

2.2.2. Aufsteigende Klassifikation nach dem minimalen Sprung und Baum minimaler Länge

Definition einer Ultrametrik

Die zur Veranschaulichung im vorangegangenen Abschnitt vorgestellte Klassifikationsart ist besonders einfach einzusetzen und hat interessante Eigenschaften,

[28] In gewissen Zusammenstellungen psychologischer Daten sind die Basisdaten genau eine Ordnung von Objektpaaren.

die wir nun angeben und studieren wollen. Wir werden zeigen, daß der Begriff der Hierarchie eng an eine bestimmte Klasse von Abständen zwischen Objekten gebunden ist, die man *ultrametrische Abstände* nennt. Für die durch den Minimalsprung-Algorithmus erzeugte Hierarchie wird gezeigt werden, daß der entsprechende ultrametrische Abstand in einem gewissen Sinn dem ursprünglichen Abstand am nächsten kommt. Das wird die auch sub-dominant genannte größte niedrigere *Ultrametrik*. Danach wird gezeigt, daß die Anwendung dieser Methode zur Lösung eines klassischen Problems der Operationsforschung praktisch äquivalent ist: dem Nachweis der Existenz des *Baums minimaler Länge* über einem Graphen.

Wir erinnern daran, daß eine Menge E mit einer *Metrik* bzw. einem *Abstand* d versehen ist, falls dies eine Abbildung von $E \times E$ in $\mathbf{R}^+$ ist, die folgende Bedingungen gehorcht:

1: $d(x, y) = 0$ genau dann, wenn $x = y$.

2: $d(x, y) = d(y, x)$ (Symmetrie).

3: $d(x, y) \leqq d(x, z) + d(y, z)$ (Dreiecksungleichung).

Dieser Abstand wird *Ultrametrik* genannt, wenn er die folgende Bedingung erfüllt, die stärker ist als die Dreiecksungleichung:

4: $d(x, y) \leqq \text{Max}\,\{d(x, z), d(y, z)\}$.

Äquivalenz zwischen Ultrametrik und indizierter Hierarchie

Eine endliche Menge E mit einer Ultrametrik zu versehen, ist äquivalent dazu, eine indizierte Hierarchie der Teilmengen dieser Menge zu definieren.

Zuerst zeigen wir, daß *jede indizierte Hierarchie einen Abstand zwischen Elementen zu definieren erlaubt, der die erforderlichen Eigenschaften hat.* Man wählt als Abstand $d(x, y)$ den Wert des entsprechenden Index der kleinsten Partition, die gleichzeitig x und y enthält.

Vervollständigt man so das der Hierarchie von Abb. 15 entsprechende Werte-Tableau von d, so erhält man die Abstandsmatrix von Tableau 2.

	(1)	(2)	(3)	(4)	(5)
(1)	0	9	1	4	9
(2)	9	0	9	9	2
(3)	1	9	0	4	9
(4)	4	9	4	0	9
(5)	9	2	9	9	0

Tableau 2

Man kann verifizieren, daß die obige Ungleichung 4 für alle Abstände dieses Tableaus erfüllt ist. So gilt zum Beispiel

$$d(1, 2) \leqq \text{Max}\,\{d(1, 5), d(2, 5)\}\,.$$

Wir zeigen allgemeiner, daß stets

$$d(x, y) \leqq \text{Max}\,\{d(x, z), d(y, z)\}$$

gilt.

Wir erinnern daran, daß zwei Teilmengen der Hierarchie H entweder disjunkt oder durch eine Inklusionsrelation verbunden sind. Wir nennen $h(x, z)$ die kleinste x und z enthaltende Teilmenge von H (deren Index folglich $d(x, z)$ ist). Da $h(x, z)$ und $h(y, z)$ nicht disjunkt sind, gilt zum Beispiel $h(x, z) \subset h(y, z)$. Nun sind alle drei Objekte x, y und z in $h(y, z)$ enthalten, und es ist notwendigerweise

$$h(x, y) \subset h(y, z)\,,$$

woraus folgt

$$d(x, y) \leqq d(y, z)\,,$$

womit die Ungleichung bestätigt ist.

Umgekehrt kann man jeder Ultrametrik d eine indizierte Hierarchie zuordnen, bei der d der zugeordnete Index ist. Es genügt, den Algorithmus des minimalen Sprunges auf das entsprechende Abstandstableau anzuwenden. Man erkennt dann, daß es ungünstig ist, auf jeder Stufe zur Abstandsberechnung zu greifen, es genügt, eines der beiden aggregierten Elemente zu streichen.

Sind nämlich x und y zusammengefaßt, so muß man im Prinzip die Abstände zum neuen Element t berechnen (Abb. 18). Man hat jedoch notwendig $d(z, x) \geqq d(x, y)$ und gleichzeitig $d(z, y) \geqq d(x, y)$, sonst wären (z, x) oder (z, y) anstelle

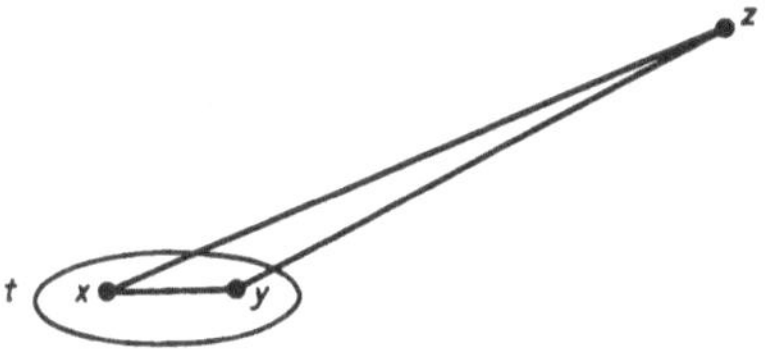

Abb. 18

von (x, y) zusammengefaßt. Für eine Ultrametrik folgt daraus, daß $d(z, x) = d(z, y)$ gilt, was man in anschaulicher Weise dadurch ausdrückt, daß man sagt, daß für eine Ultrametrik sämtliche Dreiecke gleichschenklig sind mit der kleinsten Seite als Basis. Wir zeigen das letztere Ergebnis. Es gilt

$$d(z, x) < \text{Max}\,\{d(x, y), d(z, y)\}\,,$$

also

$$d(z, x) \leqq d(z, y) .$$

Analog erhält man

$$d(z, y) < \text{Max}\,\{d(z, x), d(x, y)\} ,$$

also

$$d(z, y) \leqq d(z, x) .$$

Daraus folgt $d(z, y) = d(z, x)$.

Schließlich ist die Berechnung der Abstände von z unnötig, weil die beiden am Prozeß beteiligten Abstände gleich sind. Dies zeigt uns, wie der Minimalsprung-Algorithmus in der Abstandsmatrix operiert hat: Er hat die ursprüngliche Metrik in eine Ultrametrik transformiert, indem er auf jeder Stufe gewisse Abstände vermindert hat.

Die sub-dominante Ultrametrik

Ein Vergleich von Tableau 2 mit Tableau 1A zeigt, daß man von einer Metrik zu einer Ultrametrik (d. h. in äquivalenter Form, zu einer Hierarchie) durch Verminderung der Werte gewisser Abstände übergegangen ist. Man kann die folgende Frage stellen: Gibt es ein (in einem noch zu präzisierenden Sinne) der Metrik von Tableau 1A am nächsten gelegene Ultrametrik?

Man kann das folgende Antwortelement angeben. Man sagt, eine Metrik d_1 ist *niedriger*[29] als eine Metrik d_2, falls für alle x und y

$$d_1(x, y) \leqq d_2(x, y)$$

gilt. Die bezüglich einer Metrik d im obigen Sinne größte niedrigere Ultrametrik heißt *maximale niedrigere* oder *sub-dominante* Ultrametrik. Es ist diejenige, die vom Minimalsprungalgorithmus hervorgebracht wird. Um das zu zeigen, gehen wir schrittweise vor:

a) von einem Abstand d aus wird ein neuer Abstand definiert, der *kleinster* Maximalsprung genannt wird;
b) es wird gezeigt, daß dieser Abstand eine Ultrametrik ist;
c) es wird gezeigt, daß diese Ultrametrik sub-dominant ist;
d) schließlich wird gezeigt, daß dieser Abstand der durch den Minimalsprung-Algorithmus erzeugten Ultrametrik entspricht.

[29] Diese Definition erlaubt es, die Menge der Metriken über einer Menge mit einer Halbordnung auszustatten.

Punkt a)
Sei eine Menge E mit einem Abstand d versehen. Seien x und y zwei Elemente von E. Das Paar (x, y) heiße *Kante* der Länge $d(x, y)$ des vollständigen Graphen, dessen Ecken die Elemente von E sind (die Bezeichnung *vollständiger Graph* kommt daher, daß jede Ecke des Graphen durch eine Kante verbunden ist). Wenn wir weiterhin die Sprache der Graphentheorie benutzen, nennen wir eine Folge von Kanten der Art (x, t_1), (t_1, t_2), (t_2, t_3), ..., (t_{k-1}, t_k), (t_k, y) mit Elementen $t_1, t_2, \ldots, t_k$ aus E einen *Weg* von x nach y. In einem gegebenen Weg von x nach y heißt die Länge der größten Kante der *maximale Sprung*.

Jedem x und y verbindenden Weg entspricht ein maximaler Sprung. Ist die Eckpunktmenge endlich, so gibt es in der Menge aller von x nach y führenden Wege einen *kleinsten maximalen Sprung*, den wir mit $d^*(x, y)$ bezeichnen werden.

Punkt b)
Der kleinste Maximalsprung zwischen x und y ist eine Ultrametrik. Es ist offenbar klar, daß die beiden ersten Abstandsaxiome von d^* erfüllt werden. Um zu verifizieren, daß dieser Abstand eine Ultrametrik ist, betrachten wir drei beliebige Elemente x, y, z von E (Abb. 19). Der kleinste Maximalsprung von x nach y unter den über z gehenden Wegen von x nach y ist Max $\{d^*(x, z), d^*(z, y)\}$. Der kleinste Maximalsprung von x nach y, der nicht durch z gehen muß, kann nur kleiner oder gleich dieser Größe sein, woraus folgt

$$d^*(x, y) \leqq \text{Max}\,\{d^*(x, z), d^*(y, z)\}\,,$$

und d^* ist somit eine Ultrametrik.

Abb. 19

Punkt c)
Um zu zeigen, daß d^* die sub-dominante Ultrametrik ist, wird bewiesen, daß d^* niedriger als d und höher als jede andere Ultrametrik ist, die niedriger als d ist.

Zunächst ist es klar, daß die Kante (x, y) ein spezieller von x nach y gehender Weg ist, also $d^*(x, y) \leqq d(x, y)$, und d^* ist niedriger als d.

Sei nun d_1 eine niedrigere Ultrametrik als d. Offensichtlich gilt für jedes Tripel x_1, x_2, x_3

$$d_1(x_1, x_3) \leqq \text{Max}\,\{d_1(x_1, x_2), d_1(x_2, x_3)\}\,.$$

Wendet man diese Ungleichung nacheinander auf einen Weg

$$(x_1, x_2), (x_2, x_3), \dots, (x_{p-1}, x_p)$$

an, so erhält man

$$d_1(x_1, x_p) \leqq \max_{j<p} \{d_1(x_j, x_{j+1})\}.$$

Da $d_1 \leqq d$ gilt, erhält man

$$d_1(x_1, x_p) \leqq \max_{j<p} \{d(x_j, x_{j+1})\}.$$

Diese Ungleichung gilt für jeden x_1 und x_p verbindenden Weg. Für den kleinsten unter ihnen gilt nach Definition

$$\max_{j<p} \{d(x_j, x_{j+1})\} = d^*(x_1, x_p).$$

Letztere Beziehung stellt die gewünschte Ungleichung her.

Punkt d)
Es genügt zu zeigen, daß der ultrametrische Abstand d_u, der durch den Minimalsprung-Algorithmus erzeugt wird, gerade der kleinste Maximalsprung-Abstand d^* ist.

Sei $d_u(x, y)$ der Wert des Abstandes in der Stufe, in der die Punkte x und y erstmals vereinigt sind. Vorher waren diese beiden Punkte in zwei verschiedenen Klassen (möglicherweise reduziert auf die Punkte selbst). Die Art und Weise, wie bei jeder Zusammenfassung die Abstände berechnet werden, sichert, daß $d_u(x, y)$ der kleinste Abstand zwischen zwei Elementen ist, deren jedes einer Klasse angehört.

Die Abstände im Inneren der Klassen sind kleiner als $d_u(x, y)$, weil die Aggregation vorher stattfand; und die Abstände zu den nicht den beiden Klassen angehörenden Elementen sind größer, weil diese in einer späteren Stufe zusammengefaßt wurden. Die x und y verbindenden Wege werden also innere Kanten für diese Klassen mit einer Länge kleiner als $d_u(x, y)$ und äußeren Kanten mit Abständen, die notwendig größer oder gleich $d_u(x, y)$ sind. Somit ist $d_u(x, y)$ der kleinste Maximalsprung $d^*(x, y)$.

Der Baum minimaler Länge. Allgemeines und Definition

Die Menge der n zu klassifizierenden Objekte kann als Menge von Punkten in einem Raum betrachtet werden. Diese Darstellung ist klassisch, wenn die Objekte durch eine Folge von p Parametern beschrieben werden: man bekommt einen Punkt im Raum $\mathbf{R}^p$. Man kann dann für jedes Punktepaar einen Abstand berechnen. Wenn man, allgemeiner, nur über Werte eines Verschiedenheitsindex verfügt (der nicht notwendigerweise die Eigenschaften eines Abstands haben muß), so kann man die Objekte durch Punkte (etwa einer Ebene) darstellen, wobei jedes Objektpaar durch eine stetige Linie verbunden ist, die mit dem Wert des Verschiedenheitsindex versehen ist.

Somit läßt sich die Menge der Objekte und der Indexwerte als *vollständiger bewerteter Graph* darstellen. Übertrifft jedoch die Anzahl der Objekte bestimmte Grenzen, so wird diese Darstellungsweise unentwirrbar. Man wird dann also versuchen, aus diesem Graphen einen *Teilgraphen* (mit denselben Ecken, aber weniger Kanten) herauszulösen, den man leichter darstellen kann, der aber nichtsdestoweniger erlaubt, die Indexwerte genauso gut zusammenzufassen.

Unter den sämtlichen Teilgraphen sind diejenigen besonders interessant, die eine Baumstruktur[30] aufweisen, weil man ihnen eine ebene Darstellung geben kann. Ein Baum ist ein *zusammenhängender Graph* (zu jedem Eckenpaar gibt es einen dieses verbindenden Weg) *ohne Kreise* (ein Kreis ist ein Weg, der im selben Punkt beginnt und endet, ohne irgendeine Kante zweimal zu durchlaufen). Man kann in äquivalenter Weise einen Baum mit n Ecken als kreisfreien Graphen mit $(n - 1)$ Kanten oder als zusammenhängenden Graph mit $(n - 1)$ Kanten darstellen. Als *Länge* eines Baums bezeichnet man die Summe der „Längen" (Indexwerte) seiner Kanten.

Unter allen Teilgraphen eines Graphen, die Bäume sind, hat der *Baum mit minimaler Länge* seit langem die Aufmerksamkeit der Statistiker wegen seiner guten deskriptiven Eigenschaften erregt, die sehr verwandt mit der hierarchischen Klassifikation sind.

Wünscht man zum Beispiel, schnell und ohne Rechnen die strukturellen Eigenheiten herauszufinden, die eine Korrelationsmatrix bezüglich dreißig und mehr Variablen in sich verbirgt, so ist dies möglicherweise das bequemste Verfahren, das man ansetzen kann.

Wir wollen nun zunächst die Algorithmen zur Suche nach einem Baum minimaler Länge bringen. Danach werden wir deren Äquivalenz mit der Klassifikation nach dem minimalen Sprung nachweisen. Wir setzen voraus, daß sämtliche Kanten des Graphen von unterschiedlicher Länge sind (an Indexwert oder an Abstand), denn unter diesen Bedingungen ist der gesuchte Baum eindeutig, was die Darstellung der Algorithmen vereinfacht.

Der Baum minimaler Länge. Algorithmus von KRUSKAL (1956)

Die $n(n - 1)/2$ Kanten werden nach wachsenden Indexwerten angeordnet. Man beginnt mit den ersten beiden Kanten, dann sucht man sukzessive sämtliche

[30] Man darf einen solchen Baum, der im Sinne der Graphentheorie verstanden wird, und dessen Ecken die zu klassifizierenden Objekte sind, nicht mit einem durch die Klassifikationstechniken erzeugten Baum der Teilmengen einer Menge verwechseln.

Kanten heraus, die mit den bereits gewählten keine Kreise bilden. Man unterbricht das Verfahren, sobald man $n - 1$ Kanten hat. Auf diese Weise ist man sicher, daß man einen Baum (einen Graph ohne Kreise mit $n - 1$ Kanten) erhalten hat.

Mit V_k bezeichnet man den in Stufe k erhaltenen Graph, nachdem man die Kanten $v_1, v_2, \ldots, v_k$ herausgesucht hat. Wir zeigen, daß V_{n-1} von minimaler Länge ist.

Wir nehmen an, es existiert ein davon verschiedener Baum U von minimaler Länge (Abb. 20). Sei v_k die erste in V_{n-1} herausgesuchte Kante und gehöre v_k nicht zu U. Fügt man diese Kante zu U hinzu, so erzeugt man notwendig einen Kreis (denn U ist zusammenhängend) und auch nur diesen (denn U ist kreisfrei). Es gibt also eine Kante u dieses Kreises, die nicht zu V_{n-1} gehört (weil V_{n-1} keine Kreise besitzt). Also ist der aus U durch Hinzufügen von v_k und Weglassen von u erhaltene Baum U^* kürzer als U. Offenbar ist der durch Hinzufügen von u zu V_{n-1} gewonnene Graph kreisfrei (es ist ein Teil von U); somit ist u länger als v_k nach Definition von v_k, und folglich ist U^* kürzer als U. Das jedoch widerspricht der Definition von U. Also ist V_{n-1} von minimaler Länge.

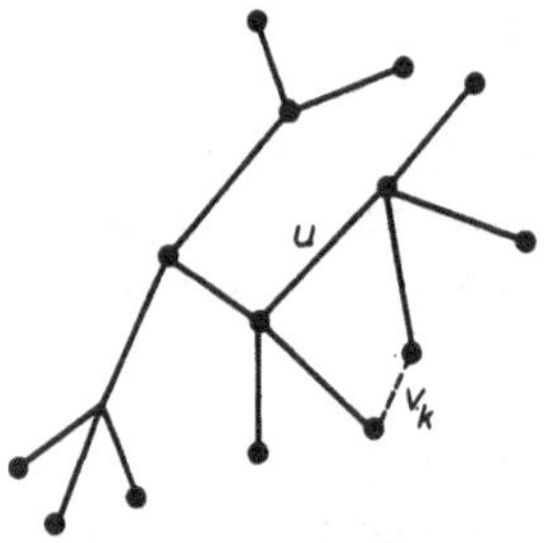

Abb. 20. Zeichnung des Baumes U

Der Baum minimaler Länge. Algorithmus von PRIM (1957)

Man beginnt mit einem beliebigen Objekt (Ecke des Graphen). Die Stufe 1 besteht in der Suche nach dem am nächsten gelegenen Objekt v_1, d. h. nach der kürzesten Kante. Stufe k besteht im Hinzufügen der kürzesten Kante v_k an die Auswahl der Kanten des schon gebildeten V_{k-1}, die eine der Ecken von V_{k-1} berührt und mit den Kanten von V_{k-1} keinen Kreis bildet. Es gibt $n-1$ Stufen. Dieser Algorithmus ist schneller als der vorstehende. Der erhaltene Baum hat minimale Länge, denn V_k ist stets ein Baum minimaler Länge unter den betreffenden k Ecken.

Der Baum minimaler Länge. Algorithmus von FLOREK (1951) und SOLLIN (1962)

In der ersten Stufe verbindet man jede Ecke mit ihrem nächsten Nachbarn. Das bedeutet, daß man den kleinsten Abstand in jeder Zeile des Abstandstableaus wählt. Diese Operation erzeugt schnell mehr als $2n$ (oder $(n + 1)$ 2, falls n ungerade ist) Kanten. Sie erzeugt einen *Wald* F_1 (Familie von Bäumen, d. h. einfach: kreisloser Graph).

In der k-ten Stufe wird jeder Baum des Walds F_{k-1} (jede zusammenhängende, kreislose Komponente des Graphen) mit seinem nächsten Nachbarn verbunden, indem man als Abstand zwischen Bäumen den kleinsten Abstand zwischen einer beliebigen Ecke sowohl des einen als auch einer beliebigen Ecke des anderen nimmt. Das Verfahren endet, sobald der Graph F_k zusammenhängend ist.

Wir zeigen, daß man einen Baum minimaler Länge erhält. Dabei muß zuerst bewiesen werden, daß man einen Baum erhält, was sich auf den Nachweis dessen reduziert, daß die erste Stufe durchaus einen Wald liefert.

Da jede Ecke tatsächlich einen nächsten Nachbarn zuläßt, gibt es keine isolierten Ecken. Wir zeigen indirekt, daß man keine Kreise erzeugen kann. Wir nehmen an, daß ein Kreis existiert und orientiert die Kanten von jeder Ecke nach ihrem nächstgelegenen Nachbarn hin. Sind die Kanten sämtlich im gleichen Sinne orientiert, so ergibt sich ein Widerspruch, denn sie wären notwendigerweise immer kürzer. Außerdem ist das Bild gleichfalls widersprüchlich, weil zwei Kanten von derselben Ecke ausgehen müßten, obgleich jede Ecke nur einen einzigen nächsten Nachbarn besitzt.

Es bleibt zu zeigen, daß dieser Baum minimale Länge hat. Wir merken an, daß jede in der ersten Stufe angelegte Kante einem Baum minimaler Länge angehört. In der Tat, wäre das nicht so, so existierte ein noch näher gelegener Nachbar y von x, so daß die Kante (x, y) nicht zu V gehört. Fügt man diese Kante zu V hinzu, so erzeugt man einen Kreis. Streicht man die andere von x ausgehende Kante dieses Kreises, so erhält man einen neuen Baum, der kürzer als V ist, was der Definition von V widerspricht.

Genauso gehört jede in der Stufe k gezogene Kante zu V, wenn man weiß, daß der Wald F_{k-1} ein Teil von V ist. Die Begründung ist vollkommen analog zur vorangegangenen.

Der Zusammenhang zwischen einem Baum und dem Minimalsprung (GOWER und ROSS, 1969)

Sei V ein aus dem Tableau der Abstände zwischen n Objekten konstruierter Baum minimaler Länge. Da V keine Kreise besitzt und zusammenhängend ist, existiert genau ein Weg, der zwei Ecken x und y verbindet. Mit $d_V(x, y)$ bezeichnen wir die Länge der größten in diesem Weg auftretenden Kante. Wir wollen zeigen, daß

$d_V(x, y)$ nichts anderes als der ultrametrische Abstand $d^*(x, y)$ des kleinsten Maximalsprunges zwischen x und y ist.

Sei nämlich v die größte zwischen x und y auftretende Kante. Streicht man v, so wird V in zwei getrennte, zusammenhängende Komponenten zerlegt. Falls ein Weg von x nach y existiert (der nicht notwendig Kanten von V durchläuft), dessen größte Kante kürzer als v ist, so gibt es eine von v verschiedene Kante u, die kürzer ist und die beiden zusammenhängenden Komponenten verbindet. Ein Ersatz von v durch u ergäbe einen Baum mit geringerer Länge als der von V, was der Definition von V widerspricht. Somit ist die Länge $d_V(x, y)$ von v_{ks} durchaus der kleinste Maximalsprung.

Die Begründung liefert eine vom Baum minimaler Länge V ausgehende Art der Konstruktion der dem Minimalsprung zugeordneten Hierarchie. Diese Konstruktionsweise arbeitet wie folgt, sie läßt sich als absteigend charakterisieren. Man zerbricht die größte Kante von V und erhält so die beiden entferntesten Gruppen, wobei der ihrer Zusammenlegung entsprechende Index die Länge dieser Kante ist. Man zerbricht danach die Kanten nach abnehmender Größe, was in der Hierarchie ein Hinuntersteigen in der Hierarchie bis zu den terminalen Objekten hin bedeutet, und das sind die Objekte selbst. Die letzte zerbrochene Kante entspricht den beiden im aufsteigenden Algorithmus zuerst aggregierten Objekten.

Illustration

Wir greifen wieder auf das die Abstände der Punkte von Abb. 15 enthaltende Tableau 1A zurück. Nach dem Algorithmus von Florek bringt die erste Stufe die Kanten (1, 3), (3, 4) und (5, 2). Die zweite Stufe liefert die letzte Kante (5, 3).

Wie Abb. 21 zeigt (Benzecri, 1976), kann man simultan die Hierarchie und den Baum minimaler Länge perspektivisch darstellen. Durch die Darstellung von Abb. 21 werden noch einige ergänzende Informationen eingebracht. Insbe-

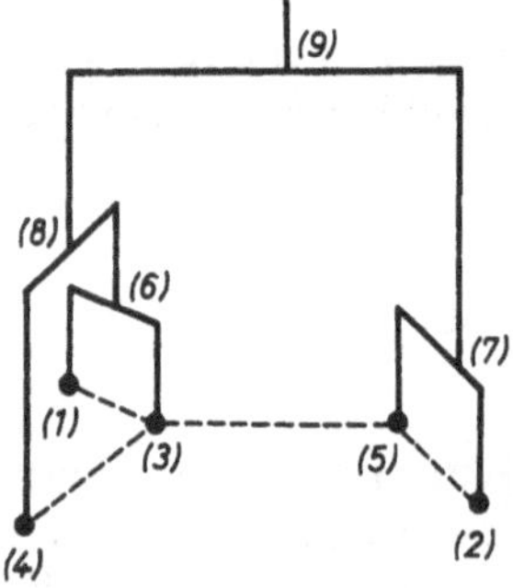

Abb. 21

sondere werden die gegenseitigen Positionen der Punkte besser beachtet. Für den Praktiker, der die Faktorenanalyse anwendet, wird es oft interessant sein, den Baum minimaler Länge in gewissem Maße als Hilfsmittel gegen eventuelle, der Operation der Projektion zuzuschreibende Deformationen, in die *Faktorenpläne* einzubringen.

2.2.3. Aggregation nach der Varianz und verwandte Techniken

Algorithmus und Bezeichnungen

Die im vorangegangenen Abschnitt studierten Techniken haben den Vorteil, auf einfache Rechnungen zu führen und haben mathematisch interessante Eigenschaften.

Für bestimmte Anwendungen sind die Ergebnisse indessen kritisch zu sehen. Insbesondere hat der Minimalsprung den Fehler, sogenannte „Ketteneffekte" hervorzurufen. So sind beispielsweise für die Punkte der Abb. 22 die Gruppen (A) und (B) niemals im hierarchischen Baum zu erkennen; zu allem Überfluß werden die wenigen sie verbindenden Punkte auf sehr niedrigem Niveau aggregiert.

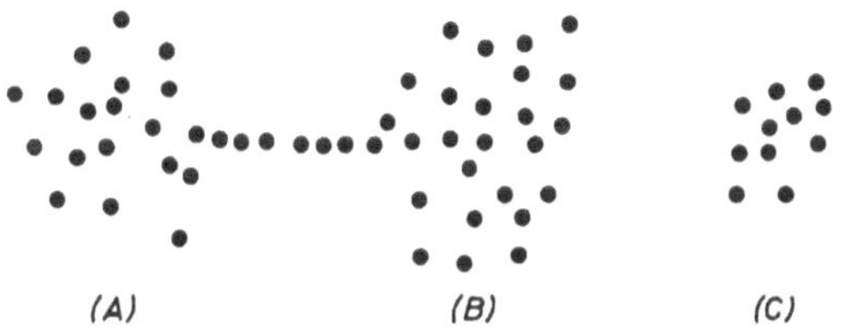

Abb. 22

Andere Techniken zur Abstandsberechnung werden möglicherweise zuverlässigere Ergebnisse bringen. Wir haben bereits den *mittleren Abstand* genannt. Die Techniken der *Aggregation nach der Varianz* versuchen, auf jeder Stufe nach Kriterien der *Trägheitsrechnung* die durch Aggregation der beiden Elemente erhaltene Partition zu optimieren. Diese Techniken sind insbesondere bequem implementierbar, wenn die Aggregation nach einer Faktorenanalyse ausgeführt wird und die zu klassifizierenden Objekte durch ihre Koordinaten auf den ersten Analyseachsen gekennzeichnet sind.

Wir betrachten hier die n zu klassifizierenden Objekte als Punkte eines p-dimensionalen euklidischen Raumes. Jeder Punkt $\boldsymbol{x}_i$ (ein Vektor mit p Komponenten) wird mit einer Masse m_i versehen. Mit $M = \sum_i m_i$ bezeichnen wir die

Gesamtmasse der Punktwolke. Das Quadrat des Abstands zwischen den Punkten x_i und x_j wird mit

$$||x_i - x_j||^2 = d^2(x_i, x_j)$$

bezeichnet. Die Gesamtträgheit der Wolke ist die Größe

$$I = \sum_i m_i \|x_i - G\|^2,$$

wobei G das allgemeine Bary-Zentrum (der Schwerpunkt) der Punktwolke ist:

$$G = \left(\sum_i m_i x_i\right) / M.$$

Falls eine Partition der Gesamtheit der Objekte in Q Klassen existiert, wobei die q-te Klasse G_q zum Schwerpunkt und m_q zur Masse hat, so liefert das Huygenssche Prinzip eine Zerlegung der Größe I in Trägheitsmomente innerhalb und zwischen den Klassen der Formel

$$I = \sum_q m_q \|G_q - G\|^2 + \sum_q \sum_{i \in q} m_i \|x_i - G_q\|^2.$$

Trägheitsverlust durch Aggregation von zwei Elementen

Seien x_i und x_j zwei Elemente mit den Massen m_i und m_j, die in ein einziges Element x mit der Masse $m = m_i + m_j$ zusammengefaßt werden, und sei

$$x = (m_i x_i + m_j x_j)/(m_i + m_j).$$

Man kann die Trägheit I_{ij} von x_i und x_j bezüglich G nach dem Huygensschen Prinzip zerlegen:

$$I_{ij} = m_i||x_i - x||^2 + m_j||x_j - x||^2 + m||x - G||^2.$$

Wenn x_i und x_j durch ihren Schwerpunkt x ersetzt werden, bleibt nur das letzte Glied erhalten. Der Trägheitsverlust ΔI_{ij} wird dann

$$\Delta I_{ij} = m_i||x_i - x||^2 + m_j||x_j - x||^2.$$

Ersetzt man x durch seinen Wert in Abhängigkeit von x_i und x_j, so erhält man nach mannigfachen Umformungen

$$\Delta I_{ij} = \frac{m_i m_j}{m_i + m_j} ||x_i - x_j||^2 = \frac{m_i m_j}{m_i - m_j} d^2(x_i, x_j).$$

Die sich auf das *Kriterium des minimalen Trägheitsverlustes* gründende Aggregationsstrategie ist also die folgende: anstatt die beiden einander am nächsten gelegenen Elemente zu suchen, wird man die dem *minimalen* ΔI_{ij} entsprechenden

Elemente $\boldsymbol{x}_i$ und $\boldsymbol{x}_j$ suchen, was bedeutet, daß man tatsächlich die ΔI_{ij} als neue Unterschiedlichkeitsindizes[31] ansieht.

Wenn man über die Punktkoordinaten geht, bewirkt man die Berechnung der Schwerpunkte ($\boldsymbol{x}$ für $\boldsymbol{x}_i$ und $\boldsymbol{x}_j$). Geht man dagegen über die Abstände, so ist es bequem, die neuen Abstände auf der Grundlage der alten berechnen zu können (wie das bei den vorangegangenen Techniken der Fall gewesen war). Das Quadrat der Abstände zwischen einem beliebigen Punkt z und dem Zentrum $\boldsymbol{x}$ der Klasse lautet als Funktion der Abstände von $\boldsymbol{x}_i$ und $\boldsymbol{x}_j$

$$d^2(\boldsymbol{x}, z) = \frac{1}{m_i + m_j} \left\{ m_i d^2(\boldsymbol{x}_i, z) + m_j d^2(\boldsymbol{x}_j, z) - \frac{m_i m_j}{m_i + m_j} d^2(\boldsymbol{x}_i, \boldsymbol{x}_j) \right\}.$$

Diese Formel (Satz vom Mittel) kann bestätigt werden, wenn man die Trägheit des Paares $(\boldsymbol{x}_i, \boldsymbol{x}_j)$ bezüglich z nach der Trägheit bezüglich $\boldsymbol{x}$ und nach der Trägheit von $\boldsymbol{x}$ bezüglich z zerlegt (vgl. Abb. 23):

$$m_i \|\boldsymbol{x}_i - \boldsymbol{z}\|^2 + m_j \|\boldsymbol{x}_j - \boldsymbol{z}\|^2 = (m_i + m_j) \|\boldsymbol{x} - \boldsymbol{z}\|^2 + \frac{m_i m_j}{m_i + m_j} \|\boldsymbol{x}_i - \boldsymbol{x}_j\|^2 .$$

Der Ausdruck für $d^2(\boldsymbol{x}, z)$ ergibt sich unmittelbar daraus. Man wiederholt das Verfahren für die verbleibenden Elemente und konstruiert das neue Element durch Aggregation.

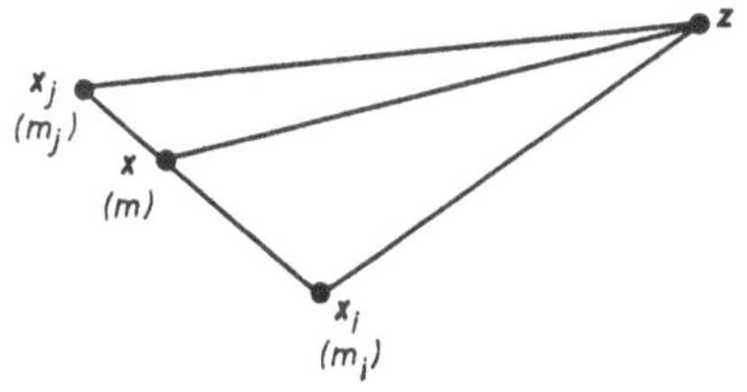

Abb. 23

Es gibt Varianten dieser Methode (Verlust minimaler Trägheit), die an andere, leicht verschiedenen Rechenformeln erinnern. Man kann zum Beispiel die Klassen untersuchen, die eine *minimale innere Trägheit* besitzen; man kann auch das Kriterium der *minimalen inneren Varianz* anwenden, wenn man die Trägheit, dividiert durch die Masse als Varianz bezeichnet. Präzisierungen, die diese Techniken betreffen, kann man bei BENZECRI (1973) finden.

[31] Durch diese Transformation der Abstandsmatrix werden die leichtesten Punkte am mühelosesten aggregiert.

2.3. Nichthierarchische Klassifikation

2.3.1. Aggregation um mobile Zentren

Allgemeines Prinzip

Die Methode der *Klassifikation um mobile Zentren* ist wahrscheinlich die derzeit für große Datenansammlungen am besten ausgearbeitete Partitionstechnik[32]. Man verwendet sie als Vorarbeit zu einer Faktorenanalyse. Diese Methode kann als Spezialfall von in Frankreich unter dem Namen *dynamische Wolken* bekannten Techniken betrachtet werden, die in formalem Rahmen viel allgemeiner in DIDAY (1971) vorgeschlagen und studiert wurden.

Prinzipiell kann man den von uns angegebenen Algorithmus FORGY (1965) zuschreiben, obgleich zahlreiche Arbeiten (manchmal früher: THORNDIKE (1953), meistens später: MACQUEEN (1967); BALL und HALL (1967); DIDAY (1971)) parallel betrieben worden sind, um Varianten oder Verallgemeinerungen einzuführen.

Sei eine Menge I von n durch p Parameter oder Variablen charakterisierten Individuen aufzuteilen. Es wird angenommen, daß der die n Individuen-Punkte tragende Raum $\mathbf{R}^p$ mit einem geeigneten *euklidischen Abstand* versehen ist, der mit d bezeichnet wird. Man möchte maximal q Klassen bilden. Die Etappen des Algorithmus werden in Abb. 24 veranschaulicht.

Etappe 0: Man bestimmt q provisorische Klassenzentren (etwa durch pseudozufällige Auswahl). Diese Zentren $\{C_1^0, C_2^0, \dots, C_k^0, \dots, C_q^0\}$ induzieren eine Partition von I in q Klassen: $\{I_1^0, I_2^0, \dots, I_k^0, \dots, I_q^0\}$. Dabei gehört das Individuum i zu I_k^0, falls der Punkt i näher an C_k^0 liegt als an allen anderen Zentren. (Die Klassen werden im Raum durch konvexe polyedrische Scheidewände abgegrenzt, die durch die Mittlungsebenen der die Zentrenpaare verbindenden Segmente gebildet werden.)

Etappe 1: Man bestimmt q neue Klassenzentren $\{C_1^1, C_2^1, \dots, C_q^1\}$, indem man die Schwerpunkte der Klassen $\{I_1^0, I_2^0, \dots, I_q^0\}$ dafür verwendet. Diese neuen Zentren induzieren eine neue, nach derselben Regel konstruierte Partition und bilden die mit $\{I_1^1, I_2^1, \dots, I_q^1\}$ bezeichneten Klassen.

Etappe m: Man bestimmt q neue Klassenzentren: $\{C_1^m, C_2^m, \dots, C_q^m\}$, indem man die Schwerpunkte der Klassen $\{I_1^{m-1}, I_2^{m-1}, \dots, I_q^{m-1}\}$ dafür verwendet. Diese neuen Zentren unduzieren eine neue Partition der Menge I, die durch die Klassen $\{I_1^m, I_2^m, \dots, I_q^m\}$ gebildet wird.

[32] Das in einem Hilfsspeicher (Magnetband, Platte usw.) gespeicherte Datentableau wird mehrere Male sequentiell gelesen, ohne daß im Zentralspeicher des Rechners jemals wichtige Bereiche überfüllt wären.

Der Algorithmus stopt, wenn entweder zwei aufeinanderfolgende Iterationen auf die gleiche Partition führen oder wenn ein passend gewähltes Kriterium (z. B. die *Intra-Klassen-Varianz*) aufhört, in spürbarer Weise abzunehmen oder auch, weil eine maximale Anzahl von Iterationen *a priori* festgelegt worden war.

In allen Fällen wird die erhaltene Partition von der Anfangsauswahl der Zentren in der Etappe 0 abhängen.

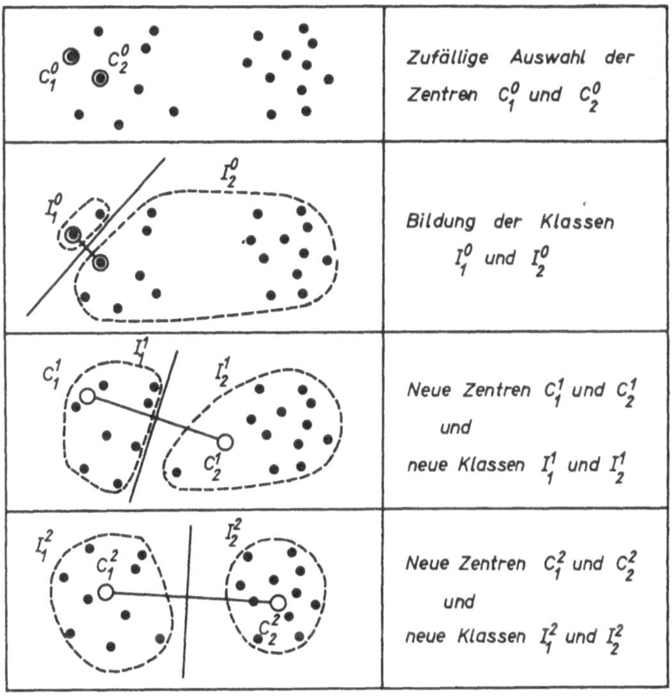

Abb. 24

Elementare Rechtfertigung des Algorithmus

Wir wollen zeigen, daß die *Intra-Klassen-Varianz* zwischen den Etappen m und $m+1$ nur abnehmen (oder stationär bleiben) kann. Die *Anwendungsregeln* (die jeder Variante oder Spezifizierung des Algorithmus eigene Programmierungskonventionen sind) gestatten, es so einzurichten, daß diese Abnahme streng ist und daß daraus auf die *Konvergenz* des Algorithmus zu schließen ist, da die Ausgangsmenge I endlich ist[33].

[33] Selbstverständlich ist es nicht die Konvergenz, sondern die Konvergenzgeschwindigkeit, die die Anwendung der Methode in der Praxis rechtfertigt.

Wir nehmen an, daß die n Individuen der zu klassifizierenden Menge I mit relativen Massen p_i verbunden sind (deren Summe 1 beträgt), und sei $d^2(i, C_k^m)$ das Quadrat des Abstands zwischen dem Individuum i und dem Zentrum der Klasse k in der Etappe m.

Wir interessieren uns für die Kriteriengröße

$$v(m) = \sum_{k=1}^{q} \left\{ \sum_{i \in I_k^m} p_i d^2(i, C_k^m) \right\}.$$

Wir erinnern uns, daß die Klasse I_k^m in der Etappe m von den Individuen gebildet wird, die C_k^m näher sind als allen anderen Zentren (diese Zentren sind die Schwerpunkte der Klassen I_k^{m-1} aus der vorangegangenen Etappe).

Die *Intra-Klassen-Varianz* in der Etappe m ist also die Größe

$$V(m) = \sum_{k=1}^{q} \left\{ \sum_{i \in I_k^m} p_i d^2(i, C_k^{m+1}) \right\},$$

wobei C_k^{m+1} der Schwerpunkt der Klasse I_k^m ist. In der Etappe $m+1$ lautet die Kriteriengröße

$$v(m+1) = \sum_{k=1}^{q} \left\{ \sum_{i \in I_k^{m+1}} p_i d^2(i, C_k^{m+1}) \right\}.$$

Wir wollen nun zeigen, daß

$$v(m) \geqq V(m) \geqq v(m+1)$$

gilt, was die gleichzeitige Abnahme von Kriterium und Intra-Klassen-Varianz bestätigt.

Wir bemerken zuerst, daß

$$v(m) = V(m) + \sum_{k=1}^{q} p(k)\, d^2(C_k^{m+1}, C_k^m)$$

nach dem Satz von HUYGENS gilt, wobei wir mit $p(k)$ die Summe der p_i für $i \in I_k^m$ bezeichnen. Dies bestätigt den ersten Teil der Ungleichung.

Der zweite Teil ergibt sich aus der Tatsache, daß sich in den Klammern, die in den Definitionen von $V(m)$ und $v(m+1)$ auftreten, nur die Anwendungen auf die Punkte in den Zentren ändern. Da I_k^{m+1} die Menge der Punkte ist, die näher an C_k^{m+1} liegen als an allen anderen Zentren, können die Abstände im Verlaufe dieser Wiederverwendungen nur abnehmen (oder ungeändert bleiben).

Damit zusammenhängende Techniken

Es gibt zahlreiche Algorithmen, deren allgemeines Prinzip dem Algorithmus der Aggregation um ein mobiles Zentrum nahe kommt[34]. So werden in der Technik der *dynamischen Wolken* (DIDAY, 1972) die Klassen nicht durch einen Schwerpunkt charakterisiert, sondern durch eine bestimmte Anzahl zu klassifizierender Individuen, „Eichelement" genannt, die dann einen „Kern" bilden, der für gewisse Anwendungszwecke eine weniger deskriptive Kraft besitzt als punktförmige Zentren. Die Anwendung bei den Klassen geschieht mittels einer „Abweichungs-Aggregations-Funktion". Dieser Formalismus erlaubt mehrere Verallgemeinerungen der Methode.

Die sogenannte Methode der *k-Mittel* (*k-means*), die von MACQUEEN (1967) eingeführt wurde, beginnt ebenfalls mit einer pseudo-zufälligen Auswahl punktueller Zentren. Dagegen ist die Rechenregel für die neuen Zentren verschieden: *jede Wiederverwendung von Individuen zieht eine unmittelbare Modifikation der Lage des entsprechenden Zentrums nach sich.* Somit kann eine einzige Iteration bei diesem Verfahren eine qualitativ gute Partition ergeben. Diese aber wird von der Ordnung der Individuen in der Kartei abhängen.

\ndere Methoden unterscheiden sich in der *anfänglichen Wahl der Zentren* (äquidistante Individuen bei THORNDIKE (1953)), durch Einführung von *Schwellen* oder *Protektionen*, die dazu bestimmt sind, die Anzahl der Klassen eventuell zu modifizieren. So bringt die von BALL und HALL (1965) unter dem Namen Isodata vorgeschlagene Technik sieben Parameter ins Spiel, die dazu bestimmt sind, die Herausarbeitung der Partition zu steuern.

Stabile Gruppierungen

Die Algorithmen der Aggregation um variable Zentren konvergieren gegen *lokale Optima*. Das Problem der Suche nach einer *optimalen Partition für q Klassen* (wenn man als Kriterium die Intra-Klassen-Varianz wählt, die dann über der Menge der möglichen Partitionen in q Klassen minimal gemacht werden muß) hat bisher noch keinen zufriedenstellenden Algorithmus ergeben[35]. Die erhaltenen Partitionen hängen im allgemeinen von den ersten gewählten Zentren ab.

[34] Wegen detaillierterer Informationen über die Aggregationstechniken um mobile Zentren kann man BENZECRI (1973) oder ANDERBERG (1973) konsultieren.

[35] In dem Fall, in dem die Individuen nur durch einen einzigen Parameter beschrieben werden, ist die Berechnung einer exakten optimalen Partition möglich, denn es gibt eine Ordnungsrelation zwischen den Individuen. Dies begrenzt die Vielfalt der zu prüfenden Partitionen beträchtlich. Wegen des Prinzips dieser Technik kann man W. D. FISHER (1958) konsultieren; für weitere Details über den Algorithmus siehe J. A. HARTIGAN (1975), der eine Übertragung davon in FORTRAN angibt.

Das Suchverfahren nach *stabilen Gruppierungen* (oder auch *starken Formationen*), das im wesentlichen von DIDAY (1972) vorgeschlagen wurde, gestattet es, wenigstens teilweise dieser Unbequemlichkeit Herr zu werden. Insbesondere hat es den Vorteil, daß es die oft sehr ungeschliffenen, groben Ergebnisse, die man im Rahmen einer einzigen Partition erhält, nuanciert, indem die Zonen starker Dichte in der Wolke der Individuen-Punkte sichtbar gemacht werden.

Diese von SONQUIST und MORGAN (1964) eingeführte Technik besteht darin, mehrere Partitionen ausgehend von verschiedenen Mengen von Ausgangszentren durchzuführen (s. Abb. 25).

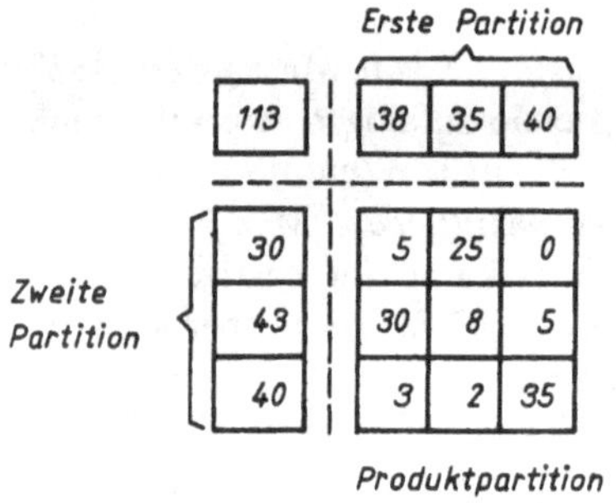

Abb. 25. Stabile Gruppierungen in der Produktpartition (Beispiel: in den 38 Individuen der Klasse 1 der Partition 1 findet man davon 30 in der Klasse 2 der Partition 2 wieder)

Wir nehmen an, daß man s Partitionen $\{P_1, P_2, \dots, P_s\}$ mit je q Klassen durchführt. In der *Produkt-Partition* enthält die mit $\{k_1, k_2, \dots, k_s\}$ indizierte Klasse diejenigen Individuen, die der Klasse k_1 von P_1, dann der Klasse k_2 von $P_2, \dots$ und schließlich der Klasse k_q von P_q angehört haben. Also enthält diese Produkt-Partition q^s Klassen.

Die nichtleeren Klassen der Produkt-Partition bilden die stabilen Gruppierungen. Im allgemeinen wird die Anzahl der stabilen Gruppierungen mit einer nicht zu vernachlässigenden Wirkung weit unterhalb von q^s liegen. Um die Ideen zu fixieren, ist es nicht selten, daß man nach vier Partitionen in fünf Klassen, ausgeführt für 1000 Individuen, lediglich um die 20 stabile Gruppierungen mit Wirkungen höher als 10 erhält (obgleich die Produkt-Partition $5^4 = 625$ besitzt).

2.3.2. Zwei andere Methoden

Wir wollen hier nur zwei andere Methoden zitieren, indem wir für eine allgemeine Übersicht in französischer Sprache auf das Werk von CAILLEZ und PAGES (1976) sowie auch auf die Arbeiten von HARTIGAN (1975) und ANDERBERG (1973) verweisen.

Absteigende (oder dividierte) Klassifikation

Die am meisten verwendete Methode ist zweifellos die von Williams und Lambert (1959). Das Prinzip besteht darin, diejenige Variable auszusondern, die die beste *Dichotomie* (Zweiteilung) der zu klassifizierenden Objekte liefert. Sowohl die Selektionskriterien für die Variable wie auch die Berechnung der Dichotomie der Objekte sind den qualitativen Variablen angepaßt worden und gründen sich auf χ^2-Berechnungen. Dasselbe Verfahren wird iterativ auf jede so gebildete Klasse angewendet[36].

Segmentierung

Diese von Sonquist und Morgan (1964) eingeführte Technik wird im Marketing stark bevorzugt[37]. Das ist eine nicht eigentlich als automatische Klassifikation anzusprechende Methode; sie ist vielmehr mit schrittweisen multiplen Regressionstechniken verwandt.

Es handelt sich hier nicht darum, Klassen in Erscheinung treten zu lassen, sondern die Individuengruppen zu suchen, die die Werte einer speziellen qualitativen Variablen am besten „erklären". Das Prinzip ist analog zu dem der Methode von Williams und Lambert. Indessen sucht man nicht in jeder Etappe die bestmögliche Dichotomie, die durch eine Variable induziert wird, sondern die der privilegierten Variablen am meisten „verbundene" Dichotomie (ebenfalls induziert durch eine Variable).

Bemerkung über die Algorithmen und Programme

Die Methoden der aufsteigenden hierarchischen Klassifikation können nur ein einziges Programm bilden, in dem die verschiedenen Aggregationsstrategien umsomehr Optionen sind. Das ist die allgemeine Formel für das von M. Jambu im Band 1 des Traité d'Analyse des Données von J. Benzecri (1973) realisierten allgemeinen Programms. Dieses FORTRAN-Programm umfaßt 10 verschiedene Aggregationskriterien. Es verlangt, daß $n(n-1)/2$ Abstände zwischen Objekten im Hauptspeicher aufbewahrt werden. Es gibt allgemeine, aber auch weniger speicherplatzaufwendige Algorithmen, insbesondere für den minimalen Sprung und den Baum minimaler Länge (s. Anhang). Wir zitieren speziell die Arbeiten von Sibson (1972) und von Roger und Carpenter (1971), die es erlauben, für

[36] Diese Technik führt auf ‚monothetische' Klassen, d. h. Klassen, die durch eine einzige Variable charakterisiert werden, während die vorangegangenen Techniken ‚polythetische' Klassen definierten.

[37] In Englisch A.I.D.: Automatic Interaction Detection.

große Tableaus den Minimalsprung bzw. den Baum minimaler Länge zu berechnen (s. auch Roux, 1975).

Bruynooghe (1978) schlägt eine stückweise Konstruktion des Baums vor, indem er verschiedene Abstandsschwellen dazwischen schaltet, was die Behandlung von mehreren Tausend zu klassifizierenden Objekten erlaubt. Ein Programm, das dieses Prinzip verwendet, kann man bei Jambu et al. (1978) finden.

Genauso findet man FORTRAN-Programme für die aufsteigende Klassifikation bei Lerman (1970), für die Aggregation um variable Zentren bei Lebart et al. (1977) und sehr mannigfache Programme bei Anderberg (1973), Hartigan (1973). Man kann auch noch Späth (1975) und Bellacicco (1976) konsultieren.

Anhang 2

FORTRAN-Programme zum Kapitel 2

Das getrennt gebrachte Unterprogramm ARMIN berechnet den Baum minimaler Länge auf der Grundlage einer zum Argument übergegangenen Abstandsmatrix. Die anderen, durch das Hauptprogramm CLASH aufgerufenen Programme tragen zur Berechnung und Ausgabe einer hierarchischen, aufsteigenden Klassifikation von n Objekten bei, die die Zeilen eines Datentableaus sind. Als Abstand zwischen Objekten wird der χ^2-Abstand (Programm DISTK) genommen, und man hat die Auswahl unter vier Aggregationskriterien (Programm CLAS4). Das resultierende Dendrogramm wird durch EDCHA ausgegeben.

ARMIN: Der Baum minimaler Länge über einer Abstandsmatrix

- Reihenfolge der Aufrufe: ARMIN (NDIM,N,D,IA,IB,T,KT)
- Dimensionierte Tableaus beim Aufruf (NDIM majorsiert N): D(NDIM,N); IA(N); IB(N); T(N); KT(N)
- Kommentar:

Beim Eingang ist D(N,N) die Matrix der „Abstände" zwischen den N Objekten; diese Matrix muß symmetrisch sein, sämtliche Elemente müssen nichtnegativ sein, und sie muß Nullen in der Hauptdiagonalen haben.

Beim Ausgang definieren IA(N — 1) und IB(N — 1) die $(n - 1)$ Kanten des Baumes minimaler Länge, indem sie die Nummern ihrer Ecken paarweise angeben. Die Vektoren T(N) und KT(N) sind Hilfsvektoren.

Das Prinzip des Algorithmus geht auf Prim (1957) zurück. Es gibt n Scheitel (Ecken); in der Etappe k (mit $k = 1, 2, \ldots, n - 1$) konstruiert man den Baum V_k auf der Grundlage von V_{k-1}, indem man ihm die Kante v_k hinzufügt, deren Länge minimal in der Familie der Kanten ist, die einen Eckpunkt in V_{k-1} und den anderen außerhalb von V_{k-1} haben. Der Umfang der Operation liegt bei n^2 und nicht bei n^3. In jeder Etappe k speichert man nicht nur die Liste der Kanten in V_{k-1}, sondern auch den Abstand T(J) aller Ecken KT(J) zu den verschiedenen, sich schon in V_{k-1} befindlichen Ecken (s. Nijenhuis u. a. — 1975).

CLASH: Hauptprogramm der hierarchischen, aufsteigenden Klassifikation

Das Programm bewirkt zuerst die Bereitstellung des für die Ausführung benötigten Zentralspeichers nach den am Kopf der Auflistung angezeigten Modalitäten. Das hier auf 100 Zeilen und 80 Spalten begrenzte Datentableau befindet sich in T(100,80) im Zentralspeicher gespeichert. Das untere Dreieck der Matrix der Abstände zwischen den Zeilen (nicht mit enthalten die Diagonale, die aus Nullen besteht) ist einfach indiziert im Vektor D(4950) mit 4950 = 100(100 — 1)/2. Eine minimale Modifikation würde es erlauben, T in einen sequentiellen Träger (Magnetband, Platte) zu speichern; dagegen erfordert das Prinzip des Algorithmus, daß D sich im Zentralspeicher befindet. Wir wollen hier die für das folgende geltenden Begriffe definieren:
ICARD: Anzahl der Zeilen des Tableaus (zu klassifizierende Objekte)
JCARD: Anzahl der Spalten des Tableaus
IDIM: Majorante von ICARD
IFIN: Dimensionsparameter IFIN = 2*(ICARD — 1)
MCARD: Dimensionsparameter MCARD = ICARD*(ICARD — 1)/2
MODE: Auswahl des Aggregationskriteriums (1, 2, 3 oder 4)
T(ICARD,JCARD): Datentableau (die ICARD Objekte werden durch JCARD Werte charakterisiert)
IDI(ICARD): Identifikation nach A4 für die zu klassifizierenden Objekte
D(MCARD): Abstände (oder Abstandsquadrate) zwischen den ICARD zu klassifizierenden Objekten. Das untere Dreieck der Abstandsmatrix (ausschließlich der aus Nullen bestehenden Diagonalen) wird im Vektor (D*) gespeichert.

Das Programm DONNK liest die Analyseparameter und die durch KLICO auszugebenden Daten in die Karten ein. Das Programm DISTK berechnet die Abstände zwischen den ICARD Zeilen des Tableaus D(*), indem es hier die χ^2-Formel nutzt; möchte man einen anderen Abstand verwenden, so muß man dieses Programm modifizieren. Das untere Dreieck der Abstandsmatrix wird durch DTRIG ausgegeben. Ein allgemeiner Algorithmus für die hierarchische, absteigende Klassifikation ist in CLAS4 programmiert; er trägt hier 4 Optionen (Parameter MODE) zur Auswahl des Aggregationskriteriums, aber es dürfte leicht sein, neue Optionen einzuführen. Das Programm EDCHA gibt die Resultate der Klassifikation aus und zeichnet das Dendrogramm.

DONNK: Einlesen der Daten für die Klassifikation

- Reihenfolge der Aufrufe: DONNK (MODE, IDIM, ICARD, JCARD, T, IDI)
- Dimensionierte Tableaus beim Aufruf (IDIM majorisiert ICARD): T(IDIM,JCARD), IDI(IDIM)

/

- Kommentar:

  Die Daten werden in T(ICARD,JCARD) gespeichert und die Identifikatoren in IDI(ICARD).

Karte 1 (nach I4): MODE Auswahl des Aggregationskriteriums:

1 = Minimalsprungkriterium
2 = Kriterium des mittleren Abstands
3 = Varianzkriterium
4 = Bary-Zentrum-Kriterium

Karte 2 (2I4): ICARD, JCARD Anzahl von Zeilen und Spalten im Datentableau.

Karte 3 (20A4): Formatparameter für das Einlesen einer Datenzeile mit ihren Identifikatoren nach A4.

Karte 4 (und folgende): eine Datenzeile und ihre Identifikatoren.

DISTK: Einfach indiziertes Tableau der Abstände von χ^2

- Reihenfolge der Aufrufe: DISTK (IDIM, ICARD, JCARD, MCARD, T, PI, PJ, D)
- Dimensionierte Tableaus beim Aufruf (IDIM majorisiert ICARD): T(IDIM,JCARD); PI(ICARD); PJ(JCARD); D(MCARD)
- Kommentar:

  Beim Eingang sind die Daten in T(ICARD,JCARD); man nimmt an, daß dies die Elemente (Häufigkeiten) in einer Kontingenztafel sind. Nennt man f_{ij} die relative Häufigkeit im Fall (i, j), so berechnet man das Quadrat der Abstände zwischen den Zeilen i und i' mittels

$$d^2(i, i') = \sum_j \frac{1}{f_{.j}} \left(\frac{f_{ij}}{f_{i.}} - \frac{f_{i'j}}{f_{i'.}} \right)^2 .$$

Aus Ausgang werden diese Abstände in den Vektor D(MCARD) abgespeichert, und zwar in folgender Indexordnung: [(2, 1)], [(3, 1), (3, 2)], [(4, 1), (4, 2), (4, 3)], [(5, 1), (5, 2), . . .] usw. Die Lokalisierung wird durch die interne Programmfunktion MONO bewirkt. Der Vektor PI(ICARD) enthält dann die relativen Gewichte $f_{i.}$ der Zeilen, der Vektor PJ(JCARD) die relativen Gewichte $f_{.j}$ der Spalten.

DTRIG: Ausdruck eines einfach indizierten dreieckigen Tableaus

- Reihenfolge der Aufrufe: DTRIG (ICARD, MCARD, D, IDI, PI)
- Dimensionierte Tableaus beim Aufruf: D(MCARD); IDI(ICARD); PI(ICARD)
- Kommentar:

  Die Daten eines symmetrischen Tableaus mit der Seite ICARD (Diagonale

Nullen) werden im einfach indizierten Tableau D(MCARD) mit MCARD = ICARD*(ICARD — 1)/2 in der Ordnung

[(21), (31, 32), (41, 42, 43), (51, 52, 53, 54), . . .]

angeordnet.

Das Programm gibt das untere Dreieck in Abschnitten von 20 Spalten nach F6.2 aus und markiert jedes Element mit seinem Gewicht P(ICARD) und seinem Identifikator nach A4: IDI(ICARD).

CLAS4: Algorithmus für die hierarchische, aufsteigende Klassifikation

- Reihenfolge der Aufrufe: CLAS4 (MODE, ICARD, MCARD, IFIN, D, PI, IDI, LA, LB, LP, VAL, NO)
- Dimensionierte Tableaus beim Aufruf: D(MCARD); IDI(ICARD); PI(IFIN); LA(ICARD); LB(ICARD); LP(IFIN); VAL(IFIN); NO(IFIN)
- Kommentar:

Beim Eingang sucht MODE das Aggregationskriterium heraus; D(MCARD) ist das einfach indizierte Tableau der Abstandsquadrate (die interne Programmfunktion MONO lokalisiert die Elemente der impliziten symmetrischen Matrix); IDI(ICARD) enthält die Identifikatoren nach A4 der zu klassifizierenden Zeilen, und die ICARD ersten Elemente von PI(*) enthalten die relativen Gewichte der Zeilen.

Man kann das durch MODE gewählte Aggregationskriterium wie folgt beschreiben: Mit i und j bezeichnen wir zwei bereits gebildete Klassen und sei k der Index eines neuen Elements; mit d_{kq} bezeichnen wir den Abstand von k zur Klasse q, die durch Aggregation der Klassen i und j mit den Gewichten p_i bzw. p_j erhalten wurde.

MODE = 1 Minimalsprungkriterium:

$$d_{kq} = \min (d_{ik}, d_{jk}) .$$

MODE = 2 Aggregationskriterium des mittleren Abstands:

$$d_{kq} = \frac{1}{p_i + p_j} (p_i d_{ik} + p_j d_{jk}) .$$

MODE = 3 Varianzkriterium:

$$d_{kq} = \frac{1}{p_i + p_j + p_k} ((p_i + p_k)\, d_{ik} + (p_j + p_k)\, d_{jk} - p_k d_{ij}) .$$

MODE = 4 Bary-Zentrums-Aggregationskriterium:

$$d_{kq}^2 = \frac{p_i}{p_i + p_j} d_{ik}^2 + \frac{p_j}{p_i + p_j} d_{jk}^2 - \frac{p_i p_j}{(p_i + p_j)^2} d_{ij}^2 .$$

Das Programm bestimmt die durch geschachtelte Klassen gekennzeichnete Hierarchie, indem es die Menge der Schleifen (Knoten) definiert, in denen sich zwei Klassen vereinigen — diese Schleifen werden in der Ordnung ihrer wachsenden Indizes numeriert (jede Klasse kann auf ein terminales Element reduziert werden). Jede Schleife wird durch einen „Ältesten" und eine „Benjamin" charakterisiert; das sind die Nummern der beiden aggregierten Klassen (Schleifen oder terminale Elemente). Abb. 26 veranschaulicht den Mechanismus dieser Konstruktion des Baums an einem einfachen Beispiel. Das Programm gibt für jede Schleife deren

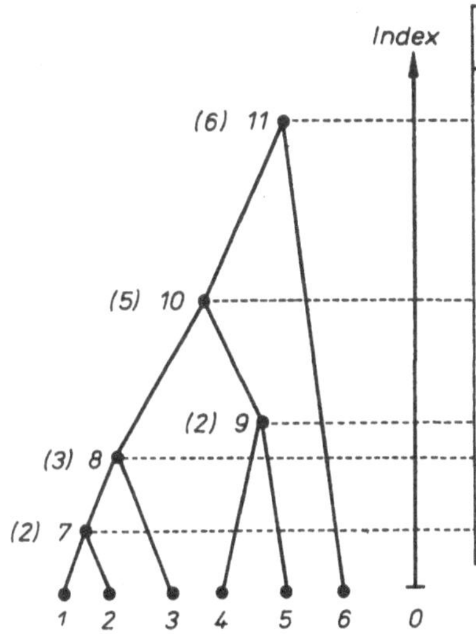

Schleifen-nummer	Effekt	Ältester	Benjamin
11	(6)	6	10
10	(5)	8	9
9	(2)	4	5
8	(3)	3	7
7	(2)	1	2

Abb. 26

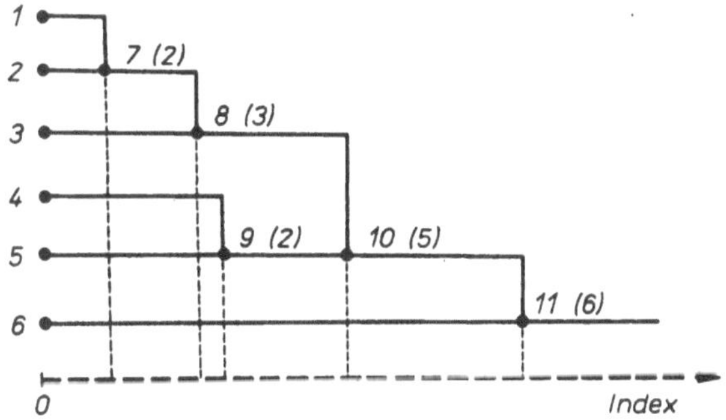

Abb. 27

Nummer, ihren Index, den „Ältesten“, den „Benjamin“ wie auch den Effekt der gebildeten Klasse aus.

Beim Ausgang wird das Abstandstableau D(MCARD) gelöscht. In LA(ICARD — 1) bzw. LB(ICARD — 1) befinden sich die Nummern der Ältesten bzw. Benjamine, die die den ICARD — 1 Schleifen entsprechenden Klassen definieren. In den ICARD — 1 letzten Positionen von LP(IFIN) befinden sich die Effekte in jeder Schleife; — von VAL(IFIN) die Indexwerte in jeder Schleife; — von PI(IFIN) die relativen Gewichte der gebildeten Klassen (Summe der relativen Gewichte der sie bildenden Objekte). NO(IFIN) ist ein Hilfsvektor.

EDCHA: Ausgabe einer hierarchischen, aufsteigenden Klassifikation

- Reihenfolge der Aufrufe: EDCHA (ICARD, IFIN, IDI, LA, LB, LP, VAL, NUM, V, NO, NC, IW, W, ID)
- Dimensionierte Tableaus beim Aufruf: IDI(ICARD); LA(ICARD); LB(ICARD); LP(IFIN); VAL(IFIN); V(ICARD); NO(IFIN); NC(ICARD); IW(ICARD); W(ICARD); ID(ICARD); NUM(ICARD)
- Kommentar:

In einer ersten Phase gibt das Programm EDCHA eine vollständige Beschreibung jeder gebildeten Klasse (Beschreibung der ICARD — 1 Schleifen). Dann zeichnet das Programm den Klassifikationsbaum in Form eines horizontalen Dendrogramms. Als Beispiel gibt Abb. 27 das Bild des durch das Beispiel in Abb. 26 definierten Baums.

Beim Eingang ist ICARD die Anzahl der zu klassifizierenden Objekte, identifiziert nach A4 in IDI(ICARD); und IFIN beträgt 2*ICARD — 1. Die ICARD — 1 Schleifen werden durch ihre „Ältesten“ und „Benjamine“ LA(ICARD — 1) und LB(ICARD — 1) definiert, angeordnet in steigender Ordnung der in den ICARD — 1 letzten Positionen von VAL(IFIN) enthaltenen Indices; die Effekte der ICARD — 1 jeder Schleife entsprechenden Klassen sind in den ICARD — 1 letzten Positionen von LP(IFIN). Die Tableaus NUM(*), V(*), NO(*), NC(*), IW(*), W(*), ID(*) sind gemäß ICARD dimensionierte Hilfsvektoren.

KLICO:

Das Programm KLICO wird zur Ausgabe des Datentableaus verwendet.

```
      SUBROUTINE ARMIN (  NDIM, N, D, IA, IB, T, KT  )
C ********************************
C           BAUM MINIMALER LÄNGE (BERECHNUNG ÜBER ABSTANDSMATRIX)
C EINGANG      NDIM MAJORISIERT N UND DIMENSIONIERT D(NDIM,N)
```

```
C             D(N,N)  SYMMETRISCHE ABSTANDSMATRIX
C                     (DIAGONALE NULL , NICHTNEGATIVE ZAHLEN)
C AUSGANG     (IA(I), IB(I)) FÜR I = 1,...,N-1   DEFINITION DER
C                     N-1 KANTEN DURCH IHRE ENDPUNKTE
C             T(N), KT(N)   HILFSVEKTOREN
C REFERENCE  /R.C.PRIM/ BELL SYST. J./VOL.36,1957,PP1389-14Ø1/
C * * * * * * * * * * * * * * * * * * * * * * * * * * * * *
      DIMENSION  D(NDIM,N), IA(N), IB(N), T(N), KT(N)
        DO 1Ø            I = 2,N
      T(I)    = D(1,I)
   1Ø KT(I)   = 1
      J       = Ø
   2Ø DINF    = 1.Ø E2Ø
        DO 3Ø            I = 2,N
        IF (T(I) .EQ. Ø.Ø)                  GO TO   3Ø
        IF (T(I) .GE. DINF)                 GO TO   3Ø
      INF     = I
      DINF    = T(I)
   3Ø   CONTINUE
      J       = J + 1
      IA(J)   = KT(INF)
      IB(J)   = INF
        IF (J .EQ.N-1)                      GO TO   5Ø
      T(INF)  = Ø.Ø
        DO 4Ø            I = 2,N
        IF (T(I) .EQ. Ø.Ø)                  GO TO   4Ø
      DI      = D(I,INF)
        IF (T(I) .LE. DI)                   GO TO   4Ø
      KT(I)   = INF
      T(I)    = DI
   4Ø   CONTINUE
                                            GO TO   2Ø
   5Ø   RETURN
        END
```

```
C     PROGRAMM CLASH (HIERARCHISCHE AUFSTEIGENDE KLASSIFIKATION)
C        (4 AGGREGATIONSKRITERIEN ÜBER DER MATRIX DER CHI-2-AB-
C        STÄNDE)
C * * * * * * * * * * * * * * * * * * * * * * * * * * * * * * *
C        MÖGLICHERWEISE ZU MODIFIZIERENDE DIMENSIONEN
C   1ØØ = IDIM = MAJORANTE DER ANZAHL ICARD ZU KLASSIFIZIERENDER
C         INDIVIDUEN   BETRIFFT T( , ) IDI( ) LA( ) LB( )
C                                 NUM( ) V( ) IW( ) W( ) NC( )
C                                 ID( )
C    8Ø = MAJORANTE DER ANZAHL JCARD DER SPALTEN DES DATEN-
C         TABLEAUS
C         BETRIFFT T(*,JCARD) PJ(JCARD) IDI(JCARD)
C   199 = 2*(1ØØ-1) = MAJORANTE VON IFIN = 2*(ICARD-1)
C         BETRIFFT PI( ) LP( ) VAL( ) NO( )
C  495Ø = 1ØØ*(1ØØ-1)/2 = MAJORANTE VON MCARD = ICARD*(ICARD-1)/2
C         BETRIFFT DIE EINFACH INDIZIERTE ABSTANDSMATRIX D( )
C AUFGERUFENE PROGRAMME ... CLAS4 DISTK DONNK DTRIG EDCHA KLICO
C * * * * * * * * * * * * * * * * * * * * * * * * * * * * * * *
      DATA  IBLC /4H
      DIMENSION T(1ØØ,8Ø), IDI(1ØØ), PI(199), PJ(8Ø), D(495Ø)
      DIMENSION IDJ(8Ø), LA(1ØØ), LB(1ØØ), VAL(199), LP(199)
      DIMENSION NO(199), NUM(1ØØ), V(1ØØ), IW(1ØØ), NC(1ØØ)
      DIMENSION W(1ØØ), ID(1ØØ)
      COMMON /ENSOR/ LEC,IMP
      LEC   = 5
      IMP   = 6
      IDIM  = 1ØØ
C ........ EINLESEN DER DATEN T(ICARD,JCARD) UND DER IDENTIFI-
C          KATOREN
      CALL DONNK ( MODE, IDIM, ICARD, JCARD, T, IDI )
C ........ AUSGABE DER DATEN
       DO 1Ø             J = 1,JCARD
   1Ø IDJ(J) = IBLC
      MKLI  = 2
      CALL KLICO (MKLI, IDIM, ICARD, JCARD, T, IDI, IDJ )
C ........ BERECHNUNG DER ABSTÄNDE ZWISCHEN DEN ICARD INDIVIDUEN
      MCARD  = ICARD*(ICARD-1)/2
      CALL DISTK ( IDIM, ICARD, JCARD, MCARD, T, PI, PJ, D )
```

```
C ........ DRUCK DER ABSTANDSMATRIX D(MCARD)
      CALL DTRIG ( ICARD, MCARD, D, IDI, PI )
C ........ HIERARCHISCHE AUFSTEIGENDE KLASSIFIKATION
C                 (AGGREGATIONSKRITERIUM = MODE)
C       1 = MINIMALSPRUNG               2 = MITTLERER ABSTAND
C       3 = VARIANZ                     4 = BARYZENTRUM
      IFIN   = 2*ICARD - 1
      CALL CLAS4 (MODE,ICARD,MCARD,IFIN,D,PI,IDI, LA,LB,LP,VAL,
     1        NO)
C ........ AUSGABE DER ERGEBNISSE UND DER DENDROGRAMME
      CALL EDCHA (ICARD,IFIN,IDI,LA,LB,LP,VAL,NUM,V,NO,NC,IW,W,
     1        ID)
       STOP
       END


      SUBROUTINE DONNK (MODE, IDIM,ICARD,JCARD, T, IDI )
C * * * * * * * * * * * * * * * * * * * * * * * * * * * * * * * * *
C DATEN FÜR DIE KLASSIFIKATION. AGGREGATIONSKRITERIUM = MODE
C EINLESEN DES DATENTABLEAUS T(ICARD,JCARD) UND DER IDENTIFI-
C KATOREN NACH A4 FÜR DIE INDIVIDUEN IDI(ICARD).
C (IDIM MAJORISIERT ICARD FÜR T(IDIM,*) )
C * * * * * * * * * * * * * * * * * * * * * * * * * * * * * * * * *
      DIMENSION T(IDIM,1), IDI(IDIM), FMT(2Ø)
      COMMON /ENSOR/ LEC,IMP
      READ (LEC,5ØØ)  MODE
      READ (LEC,5ØØ)  ICARD, JCARD
      READ (LEC,51Ø)  (FMT(LL), LL=1,2Ø)
        DO 1Ø         I = 1,ICARD
      READ (LEC,FMT)  IDI(I), (T(I,J), J=1,JCARD)
   1Ø   CONTINUE
  5ØØ FORMAT (2I4)
  51Ø FORMAT (2ØA4)
        RETURN
        END
```

```
      SUBROUTINE DISTK (IDIM, ICARD, JCARD, MCARD, T, PI, PJ,D)
C ****************************
C BERECHNUNG DER CHI-2-ABSTANDSQUADRATE ÜBER ICARD INDIVIDUEN,
C IM EINFACH INDIZIERTEN TABLEAU D(MCARD), AUF DER GRUNDLAGE
C DES DATENTABLEAUS T(*,*)
C PI(ICARD),PJ(JCARD) = RELATIVE GEWICHTE VON ZEILEN UND SPALTEN
C REIHENFOLGE IN  D(MCARD) ... (21),(31,32),(41,42,43),
C                               (51,52,53,54)
C ****************************
      DATA  ZERO / 1.ØE-2Ø/
      DIMENSION T(IDIM,JCARD), PI(ICARD), PJ(JCARD), D(MCARD)
C ........ EINFACHINDIZIERUNG DES ABSTANDSTABLEAUS
      MONO(I1,I2)=MINØ(I1,I2)+((MAXØ(I1,I2)-1)*(MAXØ(I1,I2)-
     1                                                   -2)/2)
C ........ BERECHNUNG DER RÄNDER
        DO 1Ø             I = 1,ICARD
      PI(I)     = Ø.Ø
        DO 1Ø             J = 1,JCARD
   1Ø PI(I)     = PI(I) + T(I,J)
      PT        = Ø.Ø
        DO 2Ø             I = 1,ICARD
   2Ø PT        = PT + PI(I)
        DO 3Ø             J = 1,JCARD
      PJ(J)     = Ø.Ø
        DO 3Ø             I = 1,ICARD
   3Ø PJ(J)     = PJ(J) + T(I,J)
        DO 4Ø             J = 1,JCARD
   4Ø PJ(J)     = PJ(J) / PT
C ........ BERECHNUNG DER CHI-2-ABSTÄNDE
        DO 7Ø             I1 = 2,ICARD
      I3        = I1 - 1
        DO 7Ø             I2 = 1,I3
      I1I2      = MONO (I1, I2)
      D(I1I2)   = Ø.Ø
        DO 6Ø             J = 1,JCARD
        IF (PJ(J) .LE. Ø.Ø)                          GO TO 6Ø
      AJ        = T(I1,J)/PI(I1) - T(I2,J)/PI(I2)
      AJ        = AJ*AJ
```

```
          IF (AJ .GT. ZERO)                              GO TO 5Ø
          AJ        = Ø.Ø
                                                       GO TO 6Ø
       5Ø AJ        = AJ / PJ(J)
          D(I1I2)   = D(I1I2) + AJ
       6Ø   CONTINUE
       7Ø   CONTINUE
            DO 8Ø               I = 1,ICARD
       8Ø PI(I)     = PI(I) / PT
            RETURN
            END
        SUBROUTINE DTRIG ( ICARD, MCARD, D, IDI, PI )
C * * * * * * * * * * * * * * * * * * * * * * * * * * * * * * * * *
C AUSDRUCK DES EINFACH INDIZIERTEN DREIECKSTABLEAUS D(MCARD)
C MIT DEN IDENTIFIKATOREN NACH A4 IN IDI(ICARD) UND DEN GEWICH-
C TEN IN PI(ICARD)
C          DIMENSION FÜR DIE ABSTÄNDE MCARD = ICARD*(ICARD-1)/2
C REIHENFOLGE IN D(MCARD)...(21),(31,32),(41,42,43),
C (51,52,53,54),...
C * * * * * * * * * * * * * * * * * * * * * * * * * * * * * * * * *
        DIMENSION  D(MCARD), IDI(ICARD), PI(ICARD)
        COMMON /ENSOR/ LEC,IMP
        DATA KOL /2Ø/
        LMAX = (ICARD-1)/KOL + 1
        WRITE (IMP,6ØØ)
          DO 2Ø                L = 1,LMAX
        IDEB = (L-1)*KOL + 1
        IFIN = IDEB + KOL - 1
          IF (L .EQ. LMAX)                     IFIN = ICARD
        WRITE (IMP,61Ø)    (IDI(II), II=IDEB,IFIN)
          DO 1Ø                 I = 1,ICARD
        II   = (I-1)*(I-2) / 2
        II   = I - 1
        IMIN = MINØ(IFIN, I1)
          IF (IMIN .LT. IDEB)                  GO TO 1Ø
        KDEB = II + IDEB
        KFIN = II + IMIN
        WRITE (IMP,62Ø)  PI(I), IDI(I), (D(K), K=KDEB,KFIN)
```

```
   1Ø    CONTINUE
         WRITE (IMP,61Ø)   (IDI(II), II=IDEB,IFIN)
   2Ø    CONTINUE
  6ØØ FORMAT (1H1,15X,34HDREIECKSTABLEAU DER ABSTÄNDE /
    1        1H ,64(2H- ) / )
  61Ø FORMAT (1HØ, 5HGEWICHTE, 6X, 2Ø(1X,A4,1X) / )
  62Ø FORMAT (1H ,F5.3,1X,A4,2Ø(F6,2) )
        RETURN
        END

      SUBROUTINE CLAS4 (MODE,ICARD,MCARD,IFIN,D,PI,IDI,LA,LB,
     1                  LP,VAL,NO)
C*****************************************************************
C 4 METHODEN DER HIERARCHISCHEN AUFSTEIGENDEN KLASSIFIKATION
C AUF DER GRUNDLAGE EINER ABSTANDSMATRIX.
C NACH MODE VERWENDET MAN DAS KRITERIUM ...
C           1 = MINIMALSPRUNG          2 = MITTLERER ABSTAND
C           3 = VARIANZ                4 = BARYZENTRUM
C EINGÄNGE  ICARD = ANZAHL DER ZU KLASSIFIZIERENDEN INDIVIDUEN
C           MCARD = ICARD*(ICARD-1)/2   IFIN = 2*ICARD - 1
C           D(MCARD) = EINFACH INDIZIERTES TABLEAU DER AB-
C                      STANDSQUADRATE
C           PI(1...ICARD)=  GEWICHTE DER INDIVIDUEN
C                           (NB  DIMENSION PI(IFIN) )
C           IDI(ICARD) = IDENTIFIKATOREN DER INDIVIDUEN NACH A4
C AUSGÄNGE  LA(ICARD-1) LB(ICARD-1) = NUMMERN DER ÄLTESTEN
C                                     UND BENJAMINE
C           LP(IFIN) = EFFEKTE DER KLASSEN IN DER SCHLEIFE
C           PI(ICARD+1...IFIN) = GEWICHTE DER KLASSEN IN DEN
C                                SCHLEIFEN
C           VAL(IFIN) = WERT DES INDEXES IN JEDER SCHLEIFE
C HILFSVEKTOR NO(IFIN)  ATTENTION...D( ) DURCH RECHNUNG GELÖSCHT
C*****************************************************************
      COMMON /ENSOR/ LEC,IMP
      DIMENSION D(MCARD), IDI(ICARD), PI(IFIN), LA(ICARD),
     1          LB(ICARD), LP(IFIN), VAL(IFIN), NO(IFIN)
C ....... EINFACHINDIZIERUNG DES ABSTANDSTABLEAUS
      MONO(I1,I2) = MINØ(I1,I2)+((MAXØ(I1,I2)-1)*(MAXØ(I1,I2)-
```

```
     1                                                                   -2)/2)
C ........ AUSWAHL DES TITELS
      WRITE (IMP,6ØØ)     ICARD
        GO TO  ( 1Ø, 2Ø, 3Ø, 4Ø ) ,   MODE
   1Ø WRITE (IMP,61Ø)
                                                         GO TO  5Ø
   2Ø WRITE (IMP,62Ø)
                                                         GO TO  5Ø
   3Ø WRITE (IMP,63Ø)
                                                         GO TO  5Ø
   4Ø WRITE (IMP,64Ø)
C ........ TRANSFORMATION DER QUADRATE IN ABSTÄNDE (AUSSER
C                                                            MODE = 4)
   5Ø    IF (MODE .EQ.4)                                 GO TO  7Ø
         DO 6Ø           I1I2 = 1,MCARD
   6Ø D(I1I2) = SQRT( D(I1I2) )
C ........ TRANSFORMATION DER DOPPELPUNKTE IN VARIANZ FÜR
C                                                            MODE = 3
   7Ø    IF (MODE .NE. 3)                                GO TO  9Ø
         DO 8Ø           I1 = 2,ICARD
      I3       = I1 - 1
         DO 8Ø           I2 = 1,I3
      I1I2     = MONO (I1, I2)
   8Ø D(I1I2) = D(I1I2)*PI(I1)*PI(I2) / (PI(I1)+PI(I2))
   9Ø    CONTINUE
C ........ ALLGEMEINER ALGORITHMUS DER HIERARCHISCHEN AUFSTEIGEN-
C          DEN KLASSIFIKATION
      WRITE (IMP, 65Ø)
         DO 1ØØ          I = 1,ICARD
      NO(I)    = I
      VAL(I)   = Ø.Ø
  1ØØ LP(I)    = 1
      IDEB     = ICARD + 1
        DO 19Ø           I = IDEB,IFIN
      DINF     = D(1)
      II1      = 1
      II2      = 2
```

```
      II       = 2*ICARD - I + 1
        DO 11Ø          I1 = 2,II
      I3       = I1 - 1
        DO 11Ø          I2 = 1,I3
      I1I2     = MONO (I1, I2)
        IF (D(I1I2) .GE. DINF)                    GO TO 11Ø
      DINF     = D(I1I2)
      II1      = I1
      II2      = I2
11Ø     CONTINUE
      IR      = I - IDEB + 1
      LA(IR) = MINØ (NO(II1), NO(II2))
      LB(IR) = MAXØ (NO(II1), NO(II2))
      VAL(I) = DINF
      LAI     = LA(IR)
      LBI     = LB(IR)
      LPA     = LP(LAI)
      LPB     = LP(LBI)
      LP(I)   = LPA + LPB
      VA      = VAL(LAI)
      VB      = VAL(LBI)
      PIA     = PI(LAI)
      PIB     = PI(LBI)
      PI(I)   = PIA + PIB
      NO(II1)= I
         DO 16Ø          III = 1,II
         IF (III.EQ.II1 .OR. III.EQ.II2)          GO TO 16Ø
      M1      = MONO (III, II1)
      M2      = MONO (III, II2)
         GO TO   (12Ø, 13Ø, 14Ø, 15Ø) , MODE
12Ø  D(M1)   = AMIN1 (D(M1), D(M2))
                                                  GO TO 16Ø
13Ø  D(M1)   = (LPA*D(M1) + LPB*D(M2)) / (LPA + LPB)
                                                  GO TO 16Ø
14Ø  IS      = NO(III)
      VIS     = PI(IS)
      D(M1)   = ((VA+VIS)*D(M1)+(VB+VIS)*D(M2)-VIS*DINF)
    1                                    /(Va+VB+VIS)
                                                  GO TO 16Ø
```

```
 15Ø D(M1)  = ( (LPA*D(M1)+LPB*D(M2)) / (LPA+LPB) )
    1                        - ( LPA*LPB*DINF / ((LPA+LPB)**2) )
 16Ø     CONTINUE
         IF (II2 .EQ. II)                          GO TO 18Ø
      NO(II2)= NO(II)
      IT     = II - 1
         DO 17Ø          III = 1,IT
         IF (III .EQ. II2)                         GO TO 17Ø
      M1     = MONO (III, II2)
      M2     = MONO (III, II)
      D(M1)  = D(M2)
 17Ø     CONTINUE
 18Ø WRITE (IMP,66Ø)    I, VAL(I), LA(IR), LB(IR), LP(I)
 19Ø     CONTINUE
C
C ........ KÜNSTLICHE WERTE DES INDEXES FÜR MODE.NE.1
         IF (MODE .EQ. 1)                          GO TO 21Ø
         DO 2ØØ            I = IDEB, IFIN
 2ØØ VAL(I) = I - IDEB + 1
C
 21Ø     RETURN
 6ØØ FORMAT (1H1,2ØX,41HHIERARCHISCHE AUFSTEIGENDE KLASSIFI-
    1       KATION VON, I5, 11HINDIVIDUEN /1H ,2ØX,24HÜBER DER
    2       ABSTANDSMATRIX//)
 61Ø FORMAT (1H ,2ØX,46HMINIMALE ULTRAMETRIK (ALGORITHMUS,
    1    17 H DES MINIMALSPRUNGS) //)
 62Ø FORMAT (1H ,2ØX,3ØHKRITERIUM DES MITTLEREN ABSTANDS //)
 63Ø FORMAT (1H ,2ØX,22HVARIANZKRITERIUM //)
 64Ø FORMAT (1H ,2ØX,21HBARYZENTRUM-KRITERIUM //)
 65Ø FORMAT (// 1H ,3ØX4HSCHLEIFE INDIZIERT ÄLTESTEN BENJAMIN
    1    EFFEKT/)
 66Ø FORMAT (1H ,3ØX,I4,3X,F6.3,I7,I8,I8 )
         END

      SUBROUTINE EDCHA (ICARD,IFIN,IDI,LA,LB,LP,VAL,NUM,V,
     1                  NO,NC,IW,W,ID)
C * * * * * * * * * * * * * * * * * * * * * * * * * * * * * * * *
C          AUSGABE EINER HIERARCHISCHEN AUFSTEIGENDEN KLASSIFI-
```

```
C                 KATION
C         (BESCHREIBUNG DER KLASSEN UND AUSGABE DES DENDROGRAMMS)
C EINGÄNGE ICARD IFIN IDI(ICARD) LA(ICARD) LB(ICARD) LP(IFIN)
C           VAL(IFIN)
C HILFSVEKTOREN (DIMENSION ICARD) NUM( ) V( ) NO( ) NC( ) IW( )
C                                 W( ) ID( )
C * * * * * * * * * * * * * * * * * * * * * * * * * * * * * * *
      COMMON /ENSOR/ LEC,IMP
      DIMENSION IDI(ICARD),LA(ICARD),LB(ICARD),LP(IFIN),VAL(IFIN),
     1          V(ICARD),NO(IFIN),NC(ICARD),IW(ICARD),W(ICARD),
     2                                       ID(ICARD),NUM(ICARD)
      DIMENSION LIGN(11Ø)
      DATA  LIG/11Ø/ , IBLAN/1H/ , ISTAR/1H./
      IDEB      = ICARD + 1
C ........ ENTSPRECHUNG ZWISCHEN SCHLEIFEN UND ECKEN
        DO 1Ø           I = IDEB,IFIN
      IR        = I - IDEB + 1
      IA        = LA(IR)
      IB        = LB(IR)
      NO(IA)    = I
   1Ø NO(IB)    = I
      NO(IFIN) = IFIN
C ........ BESCHREIBUNG DER KLASSEN DER HIERARCHIE
      WRITE (IMP,6ØØ)
        DO 5Ø           I = IDEB,IFIN
      NC(1)     = I
      KPT       = Ø
      JI        = 1
   2Ø   IF (NC(JI) .GT. ICARD)                       GO TO 3Ø
      K         = NC(JI)
      KPT       = KPT + 1
      ID(KPT)   = IDI(K)
      IW(KPT)   = K
      NUM(ICARD-KPT+1) = IDI(K)
      JI        = JI - 1
                                                     GO TO 4Ø
   3Ø IJ        = JI + 1
      NI        = NC(JI) - IDEB + 1
```

```
      NC(IJ)    = LA(NI)
      NC(JI)    = LB(NI)
      JI        = JI + 1
   4Ø   IF (JI .NE. Ø)                               GO TO 2Ø
      IR        = I - IDEB + 1
      WRITE (IMP,61Ø) I, VAL(I),LA(IR),LB(IR),LP(I),
     1                                    (ID(KK),KK=1,KPT)
      I1        = IW(1)
      I2        = IW(KPT)
      W(I1)     = NO(I) + Ø.ØØØ1
      W(I2)     = NO(I2) + Ø.ØØØ1
   5Ø   CONTINUE
C ........ VORBEREITUNG UND SPUR DES DENDROGRAMMS
        DO 6Ø             I = 1,ICARD
      K         = W(I)
   6Ø W(I)      = VAL(K)
        DO 7Ø             I = 1,ICARD
      IWI       = IW(I)
   7Ø V(ICARD-I+1) = W(IWI)
      VMIN      = VAL(IDEB)
      VMAX      = VAL(IFIN)
      WRITE (IMP,62Ø)  VMIN, VMAX
        DO 8Ø              L = 1,LIG
   8Ø LIGN(L)   = IBLAN
      PAS       = FLOAT(LIG) / (VMAX - VMIN)
      I1        = ICARD - 1
        DO 12Ø             I = 1,I1
      LX        = (V(I) - VMIN)*PAS + 1.Ø
        IF (LX .LE. 1)                               LX = 1
        IF (LX .GT. LIG)                             LX = LIG
        DO 9Ø              LL = 1,LX
   9Ø LIGN(LL) = ISTAR
      WRITE (IMP,63Ø)   V(I), NUM(I), (LIGN(L),L=1,LIG)
        IF (LX .EQ. 1)                               GO TO 11Ø
      LX        = LX - 1
        DO 1ØØ              LL = 1,LX
  1ØØ LIGN(LL) = IBLAN
  11Ø WRITE (IMP,64Ø)    (LIGN(L),L=1,LIG)
```

```
120    CONTINUE
       DO 130            L = 1,LIG
 130  LIGN(L)   = ISTAR
      WRITE (IMP,650)    NUM(ICARD),  (LIGN(L),L=1,LIG)
 600  FORMAT (1H1,32HSCHLEIFE INDIZIERT ÄLTESTE BENJAMIN GEWICHTE
    1        ,5X,40HBESCHREIBUNG DER KLASSEN DER HIERARCHIE /1H ,
    2        64(2H. ) / )
 610  FORMAT (1H0,I4,F9.3,I5,I6,I7,5X,18(1X,A4),/1H ,36X,18
    1        (1X,A4) ,/1H ,36X,18(1X,A4)/1H ,36X,18(1X,A4),/1H ,
    2        36X,18(1X,A4))
 620  FORMAT (1H1,38X,32HSPUR DES DENDROGRAMMS  STUFE=,2F8.3 //)
 630  FORMAT (1H ,F10.4,3X,A4,2X,2H..,110A1 )
 640  FORMAT (1H ,21X,110A1 )
 650  FORMAT (1H ,10(1H-),3X,A4,2X,2H..,110A1 )
        RETURN
        END
```

Zusätzliche Programmbeschreibungen und Programme (alphabetisch)

BORNS: Extremwerte einer Liste von Zahlen
- Reihenfolge der Aufrufe: BORNS (N, X, XMIN, XMAX)
- Dimensioniertes Tableau beim Aufruf: X(N)
- Kommentar:
  Beim Ausgang wird XMIN bzw. XMAX Minimum bzw. Maximum der Folge der in X(N) gespeicherten Daten.

```
      SUBROUTINE BORNS ( N, X, XMIN, XMAX )
C * * * * * * * * * * * * * * * * * * * * * * * * * * * * * * *
C          BESTIMME DIE EXTREMWERTE IM VEKTOR X(N)
C                   XMAX = MAXIMALWERT
C                   XMIN = MINIMALWERT
C * * * * * * * * * * * * * * * * * * * * * * * * * * * * * * *
      DIMENSION  X(N)
      XMIN = X(1)
      XMAX = X(1)
        IF (N .EQ. 1)                           RETURN
        DO 10        I = 2,N
```

```
      IF (X(I) .LT. XMIN)                 XMIN = X(I)
      IF (X(I) .GT. XMAX)                 XMAX = X(I)
   1Ø CONTINUE
      RETURN
      END
```

COMAJ: Aufbereitung der Mittelwerte und zentrierten Produkte (Kovarianzen)

- Reihenfolge der Aufrufe: COMAJ (MODE, NDIM, NVAR, W, XMOY, XI, PI, SOMP, KOMPT)
- Dimensionierte Tableaus beim Aufruf (NDIM majorisiert N): W(NDIM,NVAR); XMOY(NVAR); XI(NVAR).
- Kommentar:

Beim Eingang ist XI(NVAR) eine neue Zeile von beobachteten Daten über NVAR Variablen, wobei diese Beobachtung n^0 I mit den Gewichten PI belegt wird. Das Programm soll dann den Mittelwertvektor XMOY(NVAR) und die in (WNVAR,NVAR) gespeicherte Matrix der zentrierten Produkte $\sum_i (x_{ik} - \bar{x}_k)(x_{ij} - \bar{x}_j)$ aufbereiten.

Ist beim Eingang MODE = 0, so werden die Tableaus XMOY(*) und W(*,*) mit 0 begonnen, und am Ausgang ist MODE = 1.

Ist beim Eingang MODE = 1, so wird die Zeile XI(NVAR) verwendet, um XMOY (*) und W(*,*) aufzubereiten; genauer, sie wird mit dem Gewicht PI eingeführt, falls PI > 0 oder herausgezogen mit dem Gewicht —PI, falls PI < 0. Somit enthält XI(NVAR) beim Ausgang die zentrierten Daten, SOMP enthält die laufende Summe der Gewichte, und KOMPT zählt die Anzahl der eingeführten Individuen; die Mittelwerte stecken in XMOY(NVAR), und W(NVAR,NVAR) enthält die zentrierten Produkte. Wenn man

COV(K,L) = W(K,L)/SOMP

ausführt, erhält man die Kovarianzen.

Ist danach MODE = 2 beim Eingang, so berechnet das Programm die Korrelationen in W(NVAR,NVAR) und die Standardabweichungen in XI(NVAR). Dann ist MODE = —3 beim Ausgang. Zeigt das Programm eine verschwindende Varianz an, so stoppt es mit MODE = —2 beim Ausgang.

```
      SUBROUTINE COMAJ (MODE,NDIM,NVAR,W,XMOY,XI,PI,SOMP,KOMPT)
C ****************************************************************
C          MITTELWERTE UND VARIANZEN-KOVARIANZEN DURCH AUFBE-
C                                                   REITUNG
```

```
C ..................  CODE BEIM EINGANG   ................
C MODE = Ø  INITIALISIERUNG DER PRODUKTE W(,) UND DER MITTEL-
C           WERTE XMOY( )
C MODE = 1  AUFBEREITUNG DER PRODUKTE W( , ) UND DER MITTEL-
C           WERTE XMOY( )
C           FALLS PI.GT.Ø EINFÜHREN DER ZEILE XI( ) MIT
C                                       GEWICHT PI
C           FALLS PI.LT.Ø HERAUSNEHMEN DER ZEILE XI( ) MIT
C                                       GEWICHT PI
C             BEIM AUSGANG,
C               XI( ) = ZENTRIERTE DATEN ÜBER LAUFENDEN MITTEL-
C                                                         WERT
C               SOMP  .= SUMME DER GEWICHTE DER EINGANGSDATEN
C               KOMPT = ANZAHL DER EINGANGSDATEN MIT GEWICHT
C                       NICHT NULL
C       ATTENTION W(*,*) IST NICHT DIE VARIANZ-KOVARIANZ-MATRIX
C       SIND ALLE DATEN EINGEGEBEN, SO ... COV(K,L)=W(K,L)/SOMP.
C MODE = 2  ÜBERGANG ZU DEN KORRELATIONEN IN W( , ) UND DEN
C           STANDARD-ABWEICHUNGEN IN XI( )
C ..................... CODE BEIM AUSGANG .................
C MODE = 1  NACH EINER INITIALISIERUNG UND EINER AUFBEREITUNG
C MODE =-1  FALLS SOMP.LE.Ø ODER FALLS KOMPT.LE.Ø
C      =-2  FALLS EINE DER VARIANZEN (DIAGONALE VON W) NEGATIV
C           ODER NULL IST
C      =-3  NACH DER TRANSFORMATION IN KORRELATIONEN
C * * * * * * * * * * * * * * * * * * * * * * * * * * * * * * *
      DIMENSION W(NDIM,NVAR) , XMOY(NVAR), XI(NVAR)
      DATA  ZERO/ Ø.Ø / , ONE/ 1.Ø /
        IF (MODE .LT.Ø)                        GO TO 17Ø
        IF (MODE - 1)                          1Ø, 6Ø, 12Ø
   1Ø SOMP     = PI
C ........ MODE = Ø ........ INITIALISIERUNG
   2Ø   CONTINUE
        DO 5Ø               J = 1,NVAR
        IF (PI .LT. ZERO)                       GO TO  3Ø
      XMOY(J) = XI(J)
                                                GO TO  4Ø
   3Ø XMOY(J) = XMOY(J) + PNORM*(XI(J) - XMOY(J))
```

```
   4Ø XI(J)    = ZERO
        DO 5Ø            L = 1,J
      W(J,L)   = ZERO
   5Ø W(L,J)   = ZERO
      KOMPT    = 1
      MODE     = 1
                                                   GO TO 17Ø
   6Ø   CONTINUE
C ........ MODE = 1 ........ AUFBEREITUNG
        IF ( PI )                                  7Ø, 17Ø, 8Ø
   7Ø KOMPT    = KOPMT - 1
                                                   GO TO  9Ø
   8Ø KOMPT    = KOMPT + 1
   9Ø SOMP     = SOMP + PI
        IF (SOMP .LE. Ø.Ø)                         GO TO 16Ø
      PNORM    = PI / SOMP
        IF (KOMPT - 1)                             16Ø, 2Ø, 1ØØ
  1ØØ COEF     = PI - PNORM * PI
        DO 11Ø             J = 1,NVAR
      XI(J)    = XI(J) - XMOY(J)
      XMOY(J) = XMOY(J) + PNORM*XI(J)
        DO 11Ø             L = 1,J
      W(J,L)   = W(J,L) + COEF*XI(J)*XI(L)
  11Ø W(L,J)   = W(J,L)
                                                   GO TO 17Ø
  12Ø   CONTINUE
C ........ MODE = 2 ........ KORRELATIONEN UND STANDARDAB-
C                            WEICHUNGEN
        DO 13Ø             J = 2,NVAR
      SJ         = W(J,J)
        IF (SJ .LE. ZERO)                          GO TO 16Ø
      J1         = J - 1
        DO 13Ø             L = 1,J1
      SL         = W(L,L)
        IF (SL .LE. ZERO)                          GO TO 16Ø
      W(J,L)    = W(J,L) / SQRT(SJ*SL)
  13Ø W(L,J)    = W(J,L)
        DO 15Ø             J = 1,NVAR
```

```
      XI(J)     = SQRT (W(J,J)/SOMP)
  15Ø W(J,J)    = ONE
      MODE      = -3
                                                GO TO 17Ø
  16Ø MODE      = - MODE
  17Ø   RETURN
        END


      SUBROUTINE CORRL (NDIM,KDIM,N,K,X,P,COR,XMOY,SX,KOMPT)
C * * * * * * * * * * * * * * * * * * * * * * * * * * * * * *
C        KORRELATIONEN ... MITTELWERTE ... STANDARDABWEICHUNGEN
C EINGÄNGE  NDIM  = DIMENSION FÜR X(NDIM,*) , MAJORANTE VON N.
C           KDIM  = DIMENSION FÜR COR(KDIM,*), MAJORANTE VON K.
C           N     = ANZAHL DER INDIVIDUEN ODER ZEILEN VON X(*,*).
C           K     = ANZAHL DER VARIABLEN ODER SPALTEN VON X(*,*).
C           X(N,K)= DATENTABLEAU (INDIVIDUUM=ZEILE, VARIABLE=
C                   SPALTE)
C           P(N)  = GEWICHTE DER INDIVIDUEN (FALLS P(I) = Ø, SO
C                   WIRD ZEILE I ÜBERSPRUNGEN)
C AUSGÄNGE  COR(K,K)  = KORRELATIONSMATRIX
C           XMOY(K)   = MITTELWERTE
C           SX(K)     = STANDARDABWEICHUNGEN
C           KOMPT     = EFFEKTIVE INDIVIDUENANZAHL (N FALLS ALLE
C                       P(I) .GT. Ø)
C     AUFRUF DES UNTERPROGRAMMS ... COMAJ.
C * * * * * * * * * * * * * * * * * * * * * * * * * * * * * *
      DIMENSION X(NDIM,K), P(N), COR(KDIM,K), SX(K), XMOY(K)
C ....... BERECHNUNG DER MITTELWERTE UND ZENTRIERTEN PRODUKTE
      MODE   = Ø
        DO 2Ø           I = 1,N
      PI     = P(I)
        DO 1Ø           J = 1,K
   1Ø SX(J)  = X(I,J)
      CALL COMAJ (MODE,KDIM,K,COR,XMOY,SX,PI,SOMP,KOMPT)
   2Ø   CONTINUE
C ....... BERECHNUNG DER STANDARDABWEICHUNGEN UND DER KORRE-
```

```
C           LATIONEN
      MODE   = 2
      CALL COMAJ (MODE,KDIM,K,COR,XMOY,SX,PI,SOMP,KOMPT)
        RETURN
        END


       SUBROUTINE EPUR4 (IDIM,ICARD,X,Y,ID,MOD,PEX,KP,KLIC,
     1                  KODE,NOR)
C ****************************************************************
C VERFAHREN ZUR ZURÜCKFÜHRUNG DER PUNKTE MIT MEHR ALS PEX
C      STANDARDABWEICHUNGEN IN DEN RAHMEN DER ZEICHNUNG. AM AUS-
C      GANG GIBT ES KP MODIFIZIERTE PUNKTE, DIE DURCH DIE ZAHLEN
C      KLIC( ) IDENTIFIZIERT WERDEN. KODE = 1 FALLS ICARD+1.GT.
C      IDIM ODER MEHR ALS 264 PUNKTE AUS DEM RAHMEN (FIXIERTE
C      DIMENSION VON KLIC)
C FALLS MOD = 1 IDENTIFIKATOREN NACH A1
C FALLS MOD = 4 IDENTIFIKATOREN NACH A4
C      ATTENTION / X(*) UND Y(*) WERDEN GELÖSCHT FALLS KP.NE.Ø /
C      AUFGERUFENES UNTERPROGRAMM BORNS
C ****************************************************************
       DIMENSION X(IDIM), Y(IDIM), ID(IDIM)
       DIMENSION KLIC(264)
       DATA  SCHWELLE / 1.Ø E-Ø7 /
       COMMON /ENSOR/ LEC,IMP
         IF (PEX .LE. Ø.Ø)                      RETURN
       KODE       = Ø
       N1         = ICARD +1
         IF (N1 .GT. IDIM)                      GO TO 1ØØ
       X(N1)      = Ø.Ø
       Y(N1)      = Ø.Ø
         IF (NOR .NE. 1)                        N1 = ICARD
       SX         = Ø.Ø
       SY         = Ø.Ø
         DO 1Ø               I = 1,ICARD
       SX         = SX + X(I)*X(I)
    1Ø SY         = SY + Y(I)*Y(I)
       SX         = SQRT(SX/FLOAT(ICARD))
```

```
      SY         = SQRT(SY/FLOAT(ICARD))
      PX         = PEX*SX
      PY         = PEX*SY
      KP         = Ø
      PIN        = PEX + 2Ø.0
        DO 3Ø              I = 1,ICARD
        IF (ABS(X(I)) .GT. PX)                    GO TO  2Ø
        IF (ABS(Y(I)) .LE. PY)                    GO TO  3Ø
   2Ø KP        = KP + 1
        IF (MOD.NE.1 .AND. KP.EQ.1)  WRITE(IMP,12Ø)     PEX
        IF (MOD.NE.1 .AND. KP.EQ.1)  WRITE(IMP,13Ø)
        IF (KP .GT. 264)                          GO TO 1ØØ
      KLIC(KP) = I
        IF (MOD .NE. 1)              WRITE(IMP,11Ø) ID(I),X(I),
      1                                                  Y(I)
      X(I)      = X(I) / PIN
      Y(I)      = Y(I) / PIN
   3Ø   CONTINUE
        IF (KP .EQ. Ø)                            GO TO  9Ø
        IF (MOD .EQ. 4)              WRITE(IMP,13Ø)
      CALL BORNS (N1,Y,YMIN,YMAX)
      CALL BORNS (N1,X,XMIN,XMAX)
        IF (XMIN .EQ. Ø)             XMIN = SCHWELLE
        IF (XMAX .EQ. Ø)             XMAX = SCHWELLE
      T1        = YMAX / XMAX
      T2        = YMAX / XMIN
      T3        = YMIN / XMIN
      T4        = YMIN / XMAX
        DO 8Ø           K = 1,KP
      KLK       = KLIC(K)
      U         = X(KLK)
      V         = Y(KLK)
        IF (U .EQ. Ø)                U     = SCHWELLE
      T         = V / U
      A         = YMAX
        IF(U.GT.Ø.Ø .AND.(T4.LT.T .AND. T.LT.T1))   GO TO  4Ø
        IF(U.LT.Ø.Ø .AND.(T2.LT.T .AND. T.LT.T3))   GO TO  5Ø
        IF (V .LT. Ø)                A     = YMIN
```

```
      V         = A
        IF (T .EQ. Ø)                  T     = SCHWELLE
      U         = A / T
                                                        GO TO  7Ø
   4Ø A         = XMAX
                                                       GO TO  6Ø
   5Ø A         = XMIN
   6Ø U         = A
      V         = A * T
  7Ø    CONTINUE
        IF (V .GT. YMAX)              V     = YMAX
        IF (U .GT. XMAX)              U     = XMAX
      X(KLK)    = U
      Y(KLK)    = V
  8Ø    CONTINUE
        IF (KP.NE.Ø .AND. MOD.EQ.1) WRITE(IMP,14Ø)  KP, PEX
  9Ø    CONTINUE
        RETURN
 1ØØ KODE       = 1
 11Ø FORMAT (1H, 2H *,A4,1X,1H*,2(F15.5,8X,1H*)  )
 12Ø FORMAT (///1H  ,.   25X,9HATTENTION,//1H ,
    1   39HDIE PUNKTE UNTEN WAREN MEHR ALS ,F5.1,
    2   24H STANDARDABWEICHUNGEN DES ZENTRUMS /1H , 11HSIE
    3  WURDEN 34H IN DEN RAHMEN DER GRAPHIK ZURÜCKGEHOLT // )
 13Ø FORMAT (1H,  28(2H *) )
 14Ø FORMAT (1H, 5X, I4, 18H PUNKTE MEHR ALS ,F5.1,
    1   14H STANDARDABWEICHUNGEN, 42H VOM URSPRUNG WURDEN IN
    2       DEN RAHMEN ZURÜCKGEHOLT)
        RETURN
        END

      SUBROUTINE GPLAN (IDIM,ICARD,JX,JY,X,Y,ID,MOD,NLIGN,
     1                 NPAGE,PEX,NOR)
C * * * * * * * * * * * * * * * * * * * * * * * * * * * * * * *
C GRAPHIK VON ICARD PUNKTEN AUF NLIGN ZEILEN UND NPAGE SEITEN
C (FALLS NLIGN=Ø AUTOMATISCHE BESTIMMUNG VON NLIGN. NPAGE=1
C                                                      ODER 2)
C KOORDINATEN X(*) ÜBER DER HORIZONTALEN ACHSE JX UND Y(*) ÜBER
```

```
C DER VERTIKALEN ACHSE JY
C IDENTIFIKATOREN IN ID(*) IN A1 FALLS MOD=1, IN A4 FALLS MOD=4
C DIE PUNKTE HÖHER ALS DIE PEX STANDARDABWEICHUNGEN WERDEN IN
C DEN RAHMEN GEBRACHT
C FALLS NOR=1, WIRD DER URSPRUNG DEN PUNKTEN DER GRAPHIK HINZU-
C GEFÜGT
C       ATTENTION  / X(*), Y(*), ID(ICARD+1) WERDEN GELÖSCHT /
C GRAPHIK VERWORFEN FALLS MEHR ALS 264 PUNKTE IM RAHMEN,
C                       ODER MEHR ALS 12Ø DOPPEL-PUNKTE MIT MOD=4 .
C AUFGERUFENE UNTERPROGRAMME  EPUR4, BORNS .
C * * * * * * * * * * * * * * * * * * * * * * * * * * * * * * * * *
      DIMENSION  X(IDIM) , Y(IDIM) , ID(IDIM)
      DIMENSION  EX(12),KLIC(264),KLAC(264),LA(6),MA(6),NA(6)
      DIMENSION  LD1(12Ø),XD1(12Ø),YD1(12Ø),LD2(12Ø),XD2(12Ø),
     1                                                    YD2(12Ø)
      COMMON /ENSOR/ LEC,IMP
      DATA MA/1H-,1H ,1H!,1H|,1H.,1H+/
      DATA NA/4H----,4H    ,4H!   ,4H   |, 4H .  ,4H +
      N1         = ICARD
        IF (NOR .EQ. 1)                      N1 = ICARD + 1
        IF (N1 .GT. IDIM)                    WRITE (IMP,113Ø)
      WRITE (IMP,111Ø)      ICARD, JX, JY, JX, JY
      CALL EPUR4 ( IDIM,ICARD,X,Y,ID,MOD,PEX,KP,KLIC,KODE,NOR )
        IF (KODE .EQ. 1)                     GO TO 16Ø
      WRITE (IMP,1ØØØ)
        DO 1Ø             K = 1,6
      LA(K)       = NA(K)
   1Ø   IF (MOD .EQ. 1)                      LA(K) = MA(K)
        IF (NOR .NE. 1)                      GO TO  2Ø
      ID(N1)      = LA(6)
      X(N1)       = Ø.Ø
      Y(N1)       = Ø.Ø
   2Ø CALL BORNS (N1,X,XMIN,XMAX)
      CALL BORNS (N1,Y,YMIN,YMAX)
        IF (MOD .EQ. 1)                       K1 = 123
        IF (MOD .EQ. 4)                       K1 =  3Ø
      K2          = K1 + 1
      K3          = K1 * NPAGE
```

```
      NL          = NLIGN
      FC          = K3
      FPAGE       = NPAGE
        IF (NL .NE. Ø)                            GO TO  3Ø
      NL          = ((YMAX-YMIN) / (XMAX-XMIN))*FPAGE*74.Ø
  3Ø    IF (NL .LE. 12)                           NL = 12
      FL          = NL
      S           = (XMAX-XMIN) / FC
      T           = (YMAX-YMIN) / FL
      NINT        = 5*NPAGE + 1
      ESPX        = FC / (5.Ø*FPAGE)
        DO 4Ø              J = 1,NINT
  4Ø  EX(J)       = XMIN + S*ESPX*FLOAT(J-1)
      KKO         = Ø.5ØØØ1 - (XMIN/S)
      LLO         = Ø.5ØØØ1 + ABS(YMAX/T)
        DO 5Ø              I = 1,N1
      K           = (X(I) - XMIN)/S + Ø.5ØØØØ1
      L           = (YMAX - Y(I))/T + Ø.5ØØØØ1
        IF (K .EQ. Ø)                             K = 1
        IF (L .EQ. Ø)                             L = 1
      X(I)        = K + Ø.ØØØ1
  5Ø  Y(I)        = L + Ø.ØØØ1
      KPT         = Ø
  55  KPT         = KPT + 1
      J           = Ø
        DO 13Ø             LL = 1,NL
      EY          = YMAX - T*FLOAT(LL-1)
        DO 6Ø              KK = 1,K3
      KLIC(KK)    = Ø
      KLAC(KK) = LA(2)
        IF (KK.EQ.KKO .OR. LL.EQ.LLO)             KLAC(KK) = LA(5)
  6Ø    CONTINUE
      KLAC(1)  = LA(3)
      KLAC(K3) = LA(4)
        DO 9Ø             I = 1,N1
      L          = Y(I)
        IF (L .NE. LL)                            GO TO  9Ø
```

```
      K          = X(I)
        IF (KLIC(K))                             80, 70, 80
  70  KLIC(K)    = I
                                                 GO TO  90
  80  IK         = KLIC(K)
      J          = J + 1
        IF (MOD .EQ. 1)                          GO TO  90
        IF (J .GT. 120)                          GO TO 160
      LD1(J)     = ID(IK)
      XD1(J)     = X(IK)*S + XMIN
      YD1(J)     = YMAX - Y(IK)*T
      LD2(J)     = ID(I)
      XD2(J)     = X(I)*S + XMIN
      YD2(J)     = YMAX - Y(I)*T
  90    CONTINUE
        DO 100           KK = 1,K3
        IF (LL.EQ.1 .OR. LL.EQ.NL)               KLAC(KK) = LA(1)
      IK           = KLIC(KK)
        IF (IK .NE. 0)                           KLAC(KK) = ID(IK)
 100    CONTINUE
        IF (MOD .NE. 1)                          GO TO 120
 110    IF(KPT.EQ.1)    WRITE(IMP,1010) EY,(KLAC(K),K=1,K1)
        IF(KPT.EQ.2)    WRITE(IMP,1030) (KLAC(K),K=K2,K3),EY
                                                 GO TO 130
 120    IF(KPT.EQ.1)    WRITE(IMP,1020) EY,(KLAC(K),K=1,K1)
        IF(KPT.EQ.2)    WRITE(IMP,1040) (KLAC(K),K=K2,K3),EY
 130    CONTINUE
        IF(KPT.EQ.1)    WRITE(IMP,1050) (EX(K),K=1,6)
        IF(NPAGE.EQ.2 .AND. KPT.EQ.1)  WRITE(IMP,1000)
        IF(NPAGE.GT.KPT)                         GO TO  55
        IF(KPT.EQ.2)    WRITE(IMP,1060) (EX(K),K=7,11)
        IF (J.EQ.0 .OR. MOD.EQ.1)                GO TO 150
      WRITE (IMP,1070)
      WRITE (IMP,1080)
        DO 140           L = 1,J
 140  WRITE(IMP,1090) LD1(L),XD1(L),YD1(L), LD2(L),XD2(L),YD2(L)
      WRITE(IMP,1080)
```

```
  15Ø    CONTINUE
         IF (J.NE.Ø .AND. MOD.EQ.1)   WRITE(IMP,11ØØ)  J
         RETURN
C
  16Ø WRITE (IMP,112Ø)
 1ØØØ FORMAT (1H1)
 1Ø1Ø FORMAT (1H ,F8.3,1X,123A1)
 1Ø2Ø FORMAT (1H ,F8.3,2X,3ØA4)
 1Ø3Ø FORMAT (1H ,123A1,1X,F8.3)
 1Ø4Ø FORMAT (1H ,3ØA4,2X,F8.3)
 1Ø5Ø FORMAT (1H ,2X,5(F1Ø.3,14X),F1Ø.3)
 1Ø6Ø FORMAT (1H ,18X,4(F1Ø.3,14X),F1Ø.3)
 1Ø7Ø FORMAT (///1H .5ØX,28HMEHRFACHPUNKTE PRO PAAR /
    1   /1H ,2(8H PUNKT *,8X,8HABSZISSE,7X,1H*,8X,8HORDINATE,
    2   7X,1H*,1ØX)/1H ,8H GESEHEN *,2(8X,9HNÄHERUNG,6X,1H*),
    3   1ØX, 8H VERBORGEN *,2(8X,9HNÄHERUNG,6X,1H*) )
 1Ø8Ø FORMAT (1H ,2(28(2H *),1ØX) )
 1Ø9Ø FORMAT (1H ,2(2H * ,A4,2H *,2(F15.5,8X,1H*),1ØX)  )
 11ØØ FORMAT ( / 1H ,3ØH ANZAHL DER DOPPELPUNKTE =     ,I5, /)
 111Ø FORMAT (///1H ,25X,22HPROJEKTIONSEBENE DER ,I6, 8H PUNKTE ,
    1   14H ÜBER DEN ACHSEN  ,I2,6H  UND  , I2,/1H ,13Ø(1H-)//
    2   ,1H ,3ØX,4HACHSE ,I2,14H /HORIZONTAL ,1ØX, 4HACHSE ,
    3   I2,12H /VERTIKAL //   )
 112Ø FORMAT (///1H ,1ØX,16HZEICHNUNG VERWORFEN  /
    1   1H ,1ØX,37HENTWEDER MEHR ALS 12Ø DOPPELPUNKTE IN A4,
    2   /1H ,1ØX,36HODER MEHR ALS 264 PUNKTE IM RAHMEN /1H1 )
 113Ø FORMAT (/1H ,47H(ATTENTION  DIMENSIONSFEHLER IN S/P
    1                                        GPLAN)/)
C
         RETURN
         END

       SUBROUTINE KLICO (MODE, NDIM, N, K, T, IDN, IDK )
C * * * * * * * * * * * * * * * * * * * * * * * * * * * * * * * * *
C DRUCK VON T(N,K) IM BLOCK VON 1Ø  SPALTEN NACH F12.3
C                                       FALLS MODE=1
C                               15  SPALTEN NACH F 8.2
C                                       FALLS MODE=2
```

```
C                              2Ø  SPALTEN NACH F 6.Ø
C                                        FALLS MODE=3
C IDENTIFIKATOREN NACH A4 IN IDN(N) UND IDK(K). DIMENSION
C                                            T(NDIM,*)
C * * * * * * * * * * * * * * * * * * * * * * * * * * * * * * * * *
      DIMENSION T(NDIM,K), IDN(N), IDK(K)
      COMMON /ENSOR/ LEC,IMP
      KOL  = 5*(MODE + 1)
        DO 12Ø          L = 1, K, KOL
      KFIN = L + (KOL - 1)
        IF (KFIN .GT. K)                   KFIN = K
      WRITE (IMP,81Ø)
        GO TO  (1Ø, 2Ø, 3Ø)               , MODE
   1Ø WRITE (IMP,61Ø)   (IDK(J), J=L,KFIN)
                                          GO TO  4Ø
   2Ø WRITE (IMP,62Ø)   (IDK(J), J=L,KFIN)
                                          GO TO  4Ø
   3Ø WRITE (IMP,63Ø)   (IDK(J), J=L,KFIN)
   4Ø WRITE (IMP,8ØØ)
        DO 8Ø           I = 1,N
        GO TO    (5Ø, 6Ø, 7Ø)             , MODE
   5Ø WRITE (IMP,71Ø)   IDN(I), (T(I,J), J=L,KFIN)
                                          GO TO  8Ø
   6Ø WRITE (IMP,72Ø)   IDN(I), (T(I,J), J=L,KFIN)
                                          GO TO  8Ø
   7Ø WRITE (IMP,73Ø)   IDN(I), (T(I,J), J=L,KFIN)
   8Ø   CONTINUE
      WRITE (IMP,8ØØ)
        GO TO   (9Ø,1ØØ,11Ø)              , MODE
   9Ø WRITE (IMP,61Ø)   (IDK(J), J=L,KFIN)
                                          GO TO 12Ø
  1ØØ WRITE (IMP,62Ø)   (IDK(J), J=L,KFIN)
                                          GO TO 12Ø
  11Ø WRITE (IMP,63Ø)    (IDK(J), J=L,KFIN)
  12Ø   CONTINUE
  61Ø FORMAT (1HØ,9X, 1Ø(4X, A4, 4X) )
  62Ø FORMAT (1HØ,7X, 15(2X, A4, 2X) )
  630 FORMAT (1HØ,6X, 2Ø(1X, A4, 1X) )
```

```
  71Ø FORMAT (1H , A4, 2X, 1ØF12.3)
  72Ø FORMAT (1H , A4, 2X, 15F 8.2)
  73Ø FORMAT (1H , A4, 2X, 2ØF 6.Ø)
  8ØØ FORMAT (1HØ, 13Ø(1H-) )
  81Ø FORMAT (1H , /// )
      RETURN
      END


      SUBROUTINE PERMX (IDIM, ICARD, JCARD, X, ID, JD)
C * * * * * * * * * * * * * * * * * * * * * * * * * * * * * *
C PERMUTATION IN SITU DER ZEILEN UND SPALTEN DES TABLEAUS
C X(ICARD,JCARD)   DIE ZEILE I WIRD AN DIE STELLE ID(I) UND DIE
C SPALTE J AN DIE STELLE JD(J) GEBRACHT (FÜR EIN QUADRATISCHES
C TABLEAU KÖNNEN ID( ) UND JD( ) ZUSAMMENFALLEN).
C ZITAT: COMBINATORIAL ALGORITHMS/NIJENHUIS,WILF/ACADEMIC PRESS
C                                                    1975
C * * * * * * * * * * * * * * * * * * * * * * * * * * * * * *
      DIMENSION X(IDIM,JCARD), ID(ICARD) , JD(JCARD)
        DO 2Ø           I = 1,ICARD
      IA        = ID(I)
   1Ø   IF (IA .LE. I)                           GO TO  2Ø
      IB        = ID(IA)
      ID(IA)    = -IB
      IA        = IB
                                                 GO TO  1Ø
   2Ø ID(I)     = -ID(I)
        IF  (JD(1) .LT. Ø)                       GO TO  5Ø
        DO 4Ø           J = 1,JCARD
      JA        = JD(J)
   3Ø   IF (JA .LE. J)                           GO TO  4Ø
      JB        = JD(JA)
      JD(JA)    = -JB
      JA        = JB
                                                 GO TO  3Ø
   4Ø JD(J)     = -JD(J)
   5Ø   CONTINUE
        DO 11Ø          I = 1,ICARD
```

```
      IA          = -ID(I)
        IF (IA .LT. Ø)                          GO TO 11Ø
      M           = Ø
   6Ø IA          = ID(IA)
      M           = M + 1
        IF (IA .GT. Ø)                          GO TO  6Ø
      IA          = I
        DO 1ØØ          J = 1,JCARD
        IF (JD(J) .GT . Ø)                      GO TO 1ØØ
      JB          = J
      K           = M
   7Ø JA          = JB
      XA          = X(IA,JA)
   8Ø IA          = IABS( ID(IA) )
      JA          = IABS( JD(JA) )
      XB          = X(IA,JA)
      X(IA,JA)    = XA
        IF (JA .NE. JB)                         GO TO  8Ø
      K           = K - 1
        IF (IA .NE. I)                          GO TO  8Ø
      JB          = IABS( JD(JB) )
   9Ø   IF (K .NE. Ø)                           GO TO  7Ø
  1ØØ   CONTINUE
  11Ø   CONTINUE
        DO 12Ø          I = 1,ICARD
  12Ø ID(I)         = IABS( ID(I) )
        IF (JD(1) .GT.Ø)                        RETURN
        DO 13Ø          J = 1,JCARD
  13Ø JD(J)         = IABS( JD(J) )
        RETURN
        END
```

SHELK: Anordnung einer Zahlenfolge nach wachsenden Gliedern

- Reihenfolge der Aufrufe: SHELK (N, X, KX)
- Dimensionierte Tableaus beim Aufruf: X(N); KX(N)
- Kommentar:

Das Unterprogramm SHELK bewirkt die Anordnung in situ nach steigenden Komponenten eines Vektors X(N) durch Anwendung einer kompakten und sehr schnellen Methode. Die Ausgangspositionen der Werte werden in einem Hilfsvektor KX(N) aufbewahrt.

Die nebenstehende Transformation erlaubt, die Ränge der Elemente von X im Vektor RANG unterzubringen.

```
   DO 10       I = 1,N
   K           = KX(I)
10 RANG(K)     = I
```

Das Prinzip des Algorithmus ist das folgende. Es bewirkt einen Durchlauf, um die begrenzenden Glieder zu vergleichen. Wenn in einem Paar ein Austausch ausgeführt wurde, so wird das als kleinstes deklarierte Glied danach mit dem vorangehenden verglichen. Falls nötig, wird ausgetauscht, und so weiter, bis dieses Glied seinen wohlbestimmten Platz gefunden hat.

Dieser Algorithmus wird modifiziert, um zu vermeiden, daß ein Glied, das sich an einem Ende befindet, während es am anderen stehen sollte, bei jedem Durchlauf um mehr als einen Rang verändert wird. Sind n Glieder anzuordnen, so bestimmt man m als größte Mächtigkeit zwischen 2 und n. Man führt also den vorangehenden Algorithmus für jedes Gliederpaar aus, das sich in einem gegenseitigen Abstand m (beiderseits der Enden) befindet. Schließlich wird m durch 2 geteilt, und das Verfahren wird wiederholt, bis $m = 1$ gilt. Dann ist der Vektor angeordnet.

Der Algorithmus von D. L. SHELL (1959) wurde bei KNUTH (1973, Vol. 3, pp. 84—95) ausführlich beschrieben und mit anderen Algorithmen verglichen; man findet eine Übertragung davon nach ALGOL bei BOOTHROYD (1963). Die Leistungen der besten unter diesen Algorithmen wurden bei LOESER (1974) studiert.

```
      SUBROUTINE SHELK (N, X, KX )
C ****************************
C ANORDNEN DES VEKTORS X( ) NACH WACHSENDER GRÖSSE
C ATTENTION  DER AUSGANGSVEKTOR X( ) WIRD GELÖSCHT
C ABER DIE AUSGANGSPOSITIONEN WERDEN IN KX( ) GESPEICHERT
C KX(J) RUFT DIE AUSGANGSPOSITION DES J-TEN GEORDNETEN WERTES AUF
C ZITATE  (1) J. BOOTHROYD/SHELLSORT ALGORITHM.2Ø1/COMM.ACM/VOL.6
C (1963),NO.8,PP.445/ (2) D.A.SHELL/A HIGH-SPEED SORTING PROCE-
C DURE/  COMM.ACM/VOL.2(1959),PP.3Ø-32/
C ****************************
      DIMENSION  X(N) , KX(N)
        DO 1Ø          J = 1,N
      KX(J)  = J
   1Ø   CONTINUE
      I      = 1
```

```
 2Ø I       = I + I
      IF (I. LE. N)                              GO TO  2Ø
    M       = I - 1
 3Ø M       = M / 2
      IF (M .EQ. Ø)                              GO TO  7Ø
    K       = N - M
      DO 6Ø            J = 1,K
    JM      = J + M
 4Ø JM      = JM - M
      IF (JM .LE. Ø)                             GO TO  6Ø
 5Ø L       = JM + M
      IF (X(L) .GE. X(JM))                       GO TO  6Ø
    PIV     = X(JM)
    X(JM)   = X(L)
    X(L)    = PIV
    KPIV    = KX(JM)
    KX(JM)  = KX(L)
    KX(L)   = KPIV
                                                 GO TO  4Ø
 6Ø   CONTINUE
                                                 GO TO  3Ø
 7Ø   RETURN
      END
```

VVPRO: Diagonalisierung einer symmetrischen Matrix

- Reihenfolge der Aufrufe: VVPRO (NDIM, N, W, D)
- Dimensionierte Tableaus beim Aufruf: W(NDIM,N); D(N)
- Kommentar:

Beim Eingang enthält W(N,N) die zu diagonalisierende symmetrische Matrix. Beim Ausgang enthält D(N) die fallend geordneten Eigenwerte und W(N,N) die entsprechenden Einheitseigenvektoren.

Der bei Kaiser (1972) ausführlich dargestellte Algorithmus ist eine Modifikation des klassischen jacobischen Algorithmus. Gegenüber dem Jacobi-Verfahren hat er den Vorteil, daß er schneller ist und daß er keinen zusätzlichen Hilfsraum benötigt, der gleich der zu diagonalisierenden Matrix ist. Während das klassische Verfahren zuerst die Eigenwerte bestimmt, um ihnen dann die entsprechenden orthonormierten Vektoren zuzuordnen, berechnet der transformierte Algorithmus zunächst die orthogonalen Vektoren, und die Eigenwerte werden durch die Norm dieser Vektoren bestimmt.

Zum allgemeinen Diagonalisierungsproblem kann man die Literaturarbeit von WILKINSON (1965) konsultieren; im Bedarfsfall kann man einen leistungsfähigeren Algorithmus und dessen Zitat bei LEBART u. a. (1977) finden.

```
      SUBROUTINE VVPRO ( NDIM, N, W, D )
C * * * * * * * * * * * * * * * * * * * * * * * * * * * * * * *
C EIGENVEKTOREN UND -WERTE EINER REELLEN SYMMETRISCHEN MATRIX
C W(N,N)
C W(N,N) WIRD GELÖSCHT UND DURCH DIE SPALTEN-EIGENVEKTOREN ER-
C SETZT. D(N) ENTHÄLT DIE FALLEND GEORDNETEN EIGENWERTE
C ZITAT = H.F.KAISER (1972), COMP.JOUR., VOL. 15, PP. 271-3.
C * * * * * * * * * * * * * * * * * * * * * * * * * * * * * * *
      DIMENSION W(NDIM,N), D(N)
      DATA EPSIL /Ø.ØØØØØ1/
      RN       = N
      W2       = Ø
        DO 1Ø         L = 1,N
        DO 1Ø         K = 1,N
   1Ø W2       = W2 + W(L,K)*W(L,K)
      EP       = EPSIL * W2/RN
      NI       = N*(N-1) / 2
      KI       = NI
      N1       = N-1
   15   CONTINUE
        DO 14Ø        K = 1,N1
      K1       = K + 1
        DO 14Ø        KP = K1,N
      W2       = Ø.
      WW       = Ø.
        DO 2Ø         L = 1,N
      W2       = W2 +  W(L,K)*W(L,KP)
   2Ø WW       = WW + ( W(L,K)+W(L,KP) ) * ( W(L,K)-W(L,KP) )
      W22      = W2*2
      W2A      = ABS ( W22 )
        IF ( W2A - EP )                         3Ø,  4Ø,  4Ø
   3Ø   IF ( WW )                               4Ø, 13Ø, 13Ø
```

```
 4Ø WWA      = ABS (WW)
      IF ( W2A - WWA )                          5Ø, 5Ø, 6Ø
 5Ø TTETA    = W2A/WWA
    CTETA    = 1. / SQRT (1. + TTETA**2)
    STETA    = TTETA * CTETA
                                                GO TO 7Ø
 6Ø ATETA    = WWA/W2A
    STETA    = 1. / SQRT (1. + ATET**2)
    CTETA    = ATETA * STETA
 7Ø CTETA    = SQRT ( (1. + CTETA) / 2. )
    STETA    = STETA / (2.*CTETA)
      IF ( WW )                                 8Ø, 9Ø, 9Ø
 8Ø FLIP     = CTETA
    CTETA    = STETA
    STETA    = FLIP
 9Ø   IF ( W22 )                                1ØØ, 11Ø, 11Ø
1ØØ STETA    = - STETA
11Ø   CONTINUE
      DO 12Ø            L = 1,N
    FLIP     = W(L,K)
    W(L,K)   =  FLIP * CTETA  +  W(L,KP) * STETA
12Ø W(L,KP)  = -FLIP * STETA  +  W(L,KP) * CTETA
    KI       = NI
                                                GO TO 14Ø
13Ø KI       = KI - 1
      IF (    KI    )                           15Ø, 15Ø, 14Ø
14Ø   CONTINUE
                                                GO TO 15
15Ø   CONTINUE
      DO 17Ø            K = 1,N
    D(K)     = Ø
      DO 16Ø            L = 1,N
16Ø D(K)     = D(K) + W(L,K)*W(L,K)
17Ø D(K)     = SQRT ( D(K) )
      DO 18Ø            K = 1,N
      DO 18Ø            L = 1,N
18Ø W(L,K)   = W(L,K) / D(K)
      RETURN
      END
```

Literaturverzeichnis

ANDERBERG, M. R., Cluster Analysis for Applications. Academic Press Inc., New York 1973.

BALL, G. H., und D. J. HALL, A Clustering Technique for Summarizing Multivariate Data. Behavoiral Sciences **12** (1967), 153—155.

BALLACICCO, A., Matodologia e Tecnica della Classificazione Matematica. La goliardica editrice, Rom 1976.

BENZECRI, J. P., Cours de Linguistique Mathématique. Faculté des Sciences de Rennes (Publication multigrahiée), 1964.

BENZECRI, J. P., L'Analyse des Données. Tome 1: La Taxinomie, Tome 2: L'Analyse des Correspondances. Dunod, Paris 1973 (2ᵉ éd. 1976).

BENZECRI, J. P., Histoire et Préhistoire de l'Analyse des Données. Les Cahiers de l'Analyse des Données **1** (1976), n° 1 bis 4, Dunod Paris.

BRUYNOOGHE, M., Classification Ascendante Hiérarchique des Grands Ensembles de Données. Un algorithme rapide fondé sur la construction des voisinages réductibles. Les Cahiers de l'Analyse des Données **1** (1978), 7—33.

CAILLEZ, F., und J. P. PAGES, Introduction à l'Analyse des Données. S.M.A.S.H., Paris 1976.

DIDAY, E., La méthode des Nuées Dynamiques. Rev. Stat. Appl. **19** (1971), 19—34.

DIDAY, E., Optimisation en Classification Automatique et Reconnaissance des Formes. Rev. Fr. Inf. Rech. Opér. 6ᵉ année (1972), 61—95.

ECKART, C., und G. YOUNG, The Approximation of One Matrix by Another of Lower Rank. Psychometrika **1** (1936), 211—218.

ESCOFIER, B., Analyse Factorielle et Distance Répondant au Principe d'Equivalence Distributionelle. Rev. Stat. Appl. **26** (1978), 29—37.

FISHER, R. A., The Use of Multiple Measurements in Taxonomic Problems. Ann. Eug. **7** (1936), 179—188.

FISHER, R. A., The Precision of Discriminant Functions. Ann. Eug. **10** (1940), 422—429.

FISHER, W. D., On Grouping for Maximum Homogeneity. J. Amer. Statist. Ass. **53** (1958), 789—798.

FLOREK, K., Sur la Liaison et la Division des Points d'un Ensemble Fini. Colloq. Math. **2** (1951), 282—285.

FORGY, E. W., Cluster Analysis of Multivariate Data: Efficiency Versus Interpretability of Classifications. Biometrics **21** (1965), 768—769.

GOGUEL, M., Les Vacances des Francais en 1964. Etudes et Conjoncture, Juni 1965, Paris.

GOOD, I. J., Categorization of Classification. Mathematics and Computer Science in Biol. and Medicine. H.M. Stationnery Office, London 1965, 115—128.

Gower, J. C., und G. J. S. Ross, Minimum Spanning Tree and Single Linkage Cluster Analysis. J. Royal Statist. Soc., Ser. C, **18** (1969), 54—64.

Guttman, L., The Quantification of a Class of Attributes: a Theory and Method of a Scale Construction, *in*: Horst, P. (ed.), The Prediction of Personal Adjustment. Social Science Research Council, New York 1941, 251—364.

Harman, H. H., Modern Factor Analysis. Chicago University Press, Chicago 1976 (3rd ed.).

Hartigan, J. A., Clustering Algorithms. John Wiley and Sons, New York 1975.

Hayashi, C., On the Prediction of Phenomena from Qualitative Data and the Quantification of Qualitative Data from the Mathematico-Statistical Point of View. Annals of the Inst. of Statist. Math. Tokyo **3** (1952).

Hill, M. O., Correspondence Analysis: a Neglected Multivariate Method. Appl. Stat. **3** (1974), 340—354.

Hirschfeld, H. D., A Connection Between Correlation and Contingency. Proc. Camb. Phil. Soc. **31** (1935), 520—524.

Hottelling, H., Relation Between Two Sets of Variables. Biometrika **28** (1936), 129—149.

Jambu, M., und M. O. Lebeaux, Classification Automatique pour l'Analyse des Données, Tome 1: Méthodes et Algorithmes; Tome 2: Logiciels. Dunod, Paris 1978.

Johnson, S. C., Hierarchical Clustering Schemes. Psychometrika **32** (1967), 241—254.

Kruskal, J. B., On the Shortest Spanning Subtree of a Graph and the Travelling Salesman Problem. Proc. Amer. Math. Soc. **7** (1956), 48—50.

Lance, G. N., und W. T. Williams, A General Theory of Classification Sorting Strategies. Computer J. **9** (1967), 373—380.

Lebart, L., Validité des Résultats en Analyse des Données. Rapport CREDOC-DGRST 1975, 158 p.

Lebart, L., A. Morineau und N. Tabard, Techniques de la Description Statistique, Méthodes et Logiciels pour l'Analyse des Grands Tableaux. Dunod, Paris 1977.

Lerman, I. C., Les Bases de la Classification Automatique. Gauthier-Villars, Paris 1970.

MacQueen, J., Some Methods for Classification and Analysis of Multivariate Observations. Proc. 5th Berkeley Symp. 1965, 281—297.

Mahalanobis, P. C., On the Generalized Distance in Statistics, Proc. Nat. Inst. Science, India **12** (1936), 49—55.

Pearson, K., On Lines and Planes of Closest Fit to Systems of Points in Space. Phil. Mag. **2** (1901), 559—572.

Prim, R. C., Shortest Connection Matrix Network and Some Generalizations. Bell System Techn. J. **36** (1957), 1389—1401.

Roger, J. H., und R. G. Carpenter, The Cumulative Construction of Minimum Spanning Trees. Appl. Stat. **18** (1971), 54—64.

Roux, M., Note sur l'Arbre de Longueur Minima. Rav. Stat. Appl. **23** (1975), 29—35.

Sibson, R., An Optimally Efficient Algorithm for the Single Link Cluster Method. The Computer J. **16** (1972), 30—34.

Sneath, P. H., Computer in Taxonomy. J. Gen. Microbiol. **17** (1957), 201—226.

Sollin, M., Le Tracé des Canalisations, 1962 (unveröffentlicht).

Sonquist, J. A., und J. N. Morgan, The Detection of Interaction Effects. Survey Res. Center Inst. for Social Res., Univ. of Michigan, Ann Arbor 1964.

SPÄTH, H., Cluster Analyse Algorithmen. Verfahren der Datenverarbeitung. R. Oldenbourg Verlag, München 1975.
SPEARMAN, C., General Intelligence, Objectively Determined and Measured. Amer. J. Psychol. **15** (1904), 201—293.
TABERD, N. et al., Les Conditions de Vie des Familles. UNCAF-CREDOC 1967.
THORNDIKE, R. L., Who belongs in the Family. Psychometrika **18** (1953), 267—276.
THURSTONE, L. L., Multiple Factor Analysis. Chicago University Press, Chicago 1947.
TUKEY, J. W., Explorative Data Analysis. Addison-Wesley, Reading 1977.
WILLIAMS, W. T., LAMBERT, J. M., Multivariate Methods in Plant Ecology. J. Ecol. **47** (1959), 83—101.

Zusätzliche Literatur

AHRENS, H., und J. LÄUTER, Mehrdimensionale Varianzanalyse. Akademie-Verlag, Berlin 1974.
BOCK, H. H., Automatische Klassifikation. Theoretische und praktische Methoden zur Gruppierung und Strukturierung von Daten (Clusteranalyse). Vandenhoeck & Ruprecht, Göttingen 1974.
CHAMBERS, J. M., Computational Methods for Data Analysis. John Wiley, New York 1977.
DANIEL, C., und F. S. WOOD, Fitting Equations to Data. John Wiley, New York 1980 (2nd ed.).
GNANADESIKAN, R., Methods for Statistical Data Analysis of Multivariate Observations. John Wiley, New York 1977.
JAHN, W., und H. VAHLE, Die Faktorenanalyse. Verlag Die Wirtschaft, Berlin 1970.
MOSTELLER, F., und J. W. TUKEY, Data Analysis and Regression. Addison-Wesley, Reading 1977.
NOLLAU, V., Statistische Analysen, Mathematische Methoden der Planung und Auswertung von Versuchen mit einem Anhang ALGOL-Programme von A. HAHNEWALD-BUSCH. Fachbuchverlag Leipzig 1976.
RAO, C. R., Lineare Statistische Methoden und ihre Anwendungen. Akademie-Verlag, Berlin 1973.
TOMASSONE, R., Analyse des données et informatique. Institut National de Recherche en Informatique et en Automatique (IRIA), Le Chesnay 1980.
VICTOR, N., W. LEHMACHER und W. VAN EIMEREN (Herausg.), Explorative Datenanalyse. Frühjahrstagung München 1980, Proceedings. Springer-Verlag, Berlin 1980.
WANG, P. C. C., Graphical Representation of Multivariate Data. Academic Press, New York 1978.
WEBER, E., Einführung in die Faktorenanalyse. VEB Gustav Fischer Verlag, Jena 1974.

Sachverzeichnis

Übersicht über die FORTRAN-Programme

Name	Beschreibung	Programm	Inhalt
AIDAC	101	118	Ausgabe der Profile, angeordnet nach einem Faktor der Zuordnungsanalyse
ANACO	99	111	Hauptprogramm der Zuordnungsanalyse
ANACP	97	106	Hauptprogramm der Hauptkomponentenanalyse
ARMIN	147	152	Baum minimaler Länge über eine Abstandsmatrix
BORNS	164	164	Extremwerte einer Liste von Zahlen
CALFC	100	113	Ausführung der Berechnung einer Zuordnungsanalyse
CALFP	98	108	Ausführung der Berechnung einer Hauptkomponentenanalyse
CLASH	148	154	Hauptprogramm der hierarchischen, aufsteigenden Klassifikation
CLAS4	150	158	Algorithmus für die hierarchische, aufsteigende Klassifikation
COMAJ	165	165	Aufbereitung der Mittelwerte und zentrierten Produkte
COORC	101	116	Ausgabe der Koordinaten und Beiträge einer Zuordnungsanalyse
COORP	99	110	Ausgabe der Koordinaten einer Hauptkomponentenanalyse
CORRL	—	168	Berechnung von Korrelation, Mittelwert und Standardabweichung
DISTK	149	156	Einfach indiziertes Tableau der Abstände von χ^2
DONNK	148	155	Einlesen der Daten für die Klassifikation
DTRIG	149	157	Ausdruck eines einfach indizierten dreieckigen Tableaus
EDCHA	152	161	Ausgabe einer hierarchischen, aufsteigenden Klassifikation
EDIVP	97	105	Ausgabe der Eigenwerte und ihrer Histogramme
EPUR4	—	169	Zurückführung von Punkten in den Rahmen der Zeichnung
GPLAN	—	171	Graphik von Punkten
KLICO	152	175	Ausgabe eines Datentableaus
LIRAF	94	102	Einlesen der Parameter und Daten für eine Faktorenanalyse
PERMX	—	177	Permutation in Zeilen und Spalten
POUSS	97	104	Datenorganisation
SHELK	178	179	Anordnung einer Zahlenfolge nach wachsenden Gliedern
VVPRO	180	181	Diagonalisierung einer symmetrischen Matrix

FSC
www.fsc.org
MIX
Papier | Fördert
gute Waldnutzung
FSC® C083411

Kolibri 360 GmbH
Ferdinand-Jühlke-Straße 7
99095 Erfurt, Deutschland
produktsicherheit@kolibri360.de